Bibliografische Information der Deutschen Nationalbibliothek:

Die Deutsche Bibliothek verzeichnet diese Publikation in der Deutschen Nationalbibliografie; detaillierte bibliografische Daten sind im Internet über http://dnb.d-nb.de/ abrufbar.

Impressum:

Druck und Bindung: Books on Demand GmbH, Norderstedt Germany
ISBN: 9783640533213

Dieses Buch bei GRIN:

http://www.grin.com/de/e-book/143161/entwicklung-neuer-derivatisierungreagenzien-fuer-phenole

Waldemar Weber

Entwicklung neuer Derivatisierungreagenzien für Phenole

GRIN Verlag

Westfälische
Wilhelms-Universität
Münster

Entwicklung neuer Derivatisierungreagenzien für Phenole

Diplomarbeit

Vorgelegt von

Waldemar Weber

Westfälische Wilhelms-Universität
Münster
Fachbereich 12
Chemie und Pharmazie
Institut für Anorganische und Analytische Chemie

-2010-

Der experimentelle Teil dieser Arbeit wurde in der Zeit von Juli 2009 bis Januar 2010 am Institut für Anorganische und Analytische Chemie der Westfälischen Wilhelms-Universität Münster unter Anleitung von Herrn Professor Dr. Jan T. Andersson durchgeführt.

Ich danke Herrn Professor Dr. Jan T. Andersson für die interessante Themenstellung dieser Arbeit, das stete Interesse, die wissenschaftliche Unterstützung sowie für die vielen wertvollen Anregungen während der Durchführung dieser Arbeit.

Für die Unterstützung meiner Arbeit möchte ich folgende Personen herzlich danken:

Meiner Familie danke ich für alles, was sie während meines Studiums für mich getan haben.

Meiner Schwester Katharina danke ich für die Unterstützung während der Anfertigung meiner Diplomarbeit.

Meinem Arbeitskreis: Thies Nolte, Stefan Hildebrandt, Andreas Gole, Margarete Nocun, Juliane Schrader, Artur Fandrich danke ich für die herzliche Aufnahme im Arbeitskreis und für die tolle Arbeitsatmosphäre.

Meinen Kommilitonen Sergei Krupski und Sergeus Bohn für die Hilfe während meiner Studienzeit.

Bei Professor Dr. Uwe Karst bedanke ich mich für die Übernahme des Zweitgutachtens.

Ein großes Dankeschön möchte ich meiner Freundin Lena für ihre moralische, liebevolle Unterstützung und Ermutigung aussprechen.

Inhaltsverzeichnis

1 Einleitung

Phenole sind in der Natur weit verbreitet und treten beispielsweise in fossilen Brennstoffen auf. Das Vorkommen von Phenolen im Erdöl wird auf die geosynthetischen Prozesse beim Ligninabbau zurückgeführt. Lignin ist ein phenolisches Makromolekül und sorgt für die Stabilität der Pflanzenzellwände. *Alexander et al.*[1] zeigten, dass aus Lignin durch Methylierung, β-Spaltung und Dealkylierung unterschiedlich substituierte Alkylphenole entstehen können, wobei das *ortho*- und *para*-Substitutionsmuster überwiegen. Das breite Spektrum der im Erdöl auftretenden Phenole wurde bereits in mehreren Studien untersucht, wobei unterschiedliche Extraktions- und Bestimmungsmethoden angewendet wurden. Einige dieser Methoden werden im Kapitel 3 genauer diskutiert.

Über die Auswirkung der Anwesenheit von Phenolen in fossilen Brennstoffen kann nach dem heutigen Stand der Forschung keine eindeutige Aussage gemacht werden. Einerseits muss ihre Toxizität und Umweltschädlichkeit in Betracht gezogen werden. Dabei ist jedoch anzumerken, dass die geringe Konzentration (je nach Herkunft des Öls zwischen 0.25–2.24 μg/g)[2] der Alkylphenole nicht entscheidend für die resultierende Umweltschädlichkeit der fossilen Brennstoffe ist. Andererseits wird die Bedeutung der Phenole als Stabilisatoren diskutiert. Besonders wichtig sind die Stabilisatoren im Biodiesel, der einen geringen Anteil an ungesättigten Fettsäuremethylestern (FAMEs) enthält. Durch unterschiedliche Reaktionen wie Oxidationen, Umlagerungen, Polymerisationen und Radikalbildungsreaktionen beeinflussen die Fettsäuremethylester die Haltbarkeit des Biodiesels. Da Phenole bekanntermaßen gute Antioxidantien und Radikalfänger sind, ist die Untersuchung ihres Einflusses und ihrer Zusammensetzung in den Biokraftstoffen von großer Bedeutung. Dadurch können wichtige Charakteristika der Treibstoffe, wie Umweltverträglichkeit und Lagerstabilität optimiert werden.

Man findet Phenole auch als so genannte sekundäre Pflanzenstoffe in Pflanzen, wie Weintrauben, Sauerkirschen und mehreren Gewürzpflanzen. Die Rolle der sekundären Pflanzenstoffe im Stoffwechsel der Pflanze ist noch nicht vollständig geklärt. Meistens dienen sie zum Schutz der Pflanze vor Bakterien oder Fressfeinden, wobei letztere durch den bitteren Geschmack abgeschreckt werden. Die phenolischen Verbindungen stellen eine der wichtigsten Gruppen unter den sekundären Pflanzenstoffen dar. Deren wichtige Vertreter sind zum Beispiel die Polyphenole, von denen einige Tausend in der Pflanzenwelt vermutet werden. Dazu gehören beispielsweise Flavonoide, die antioxidativ wirken und die Bildung von freien Radikalen in den Zellen unterbinden. Auf diese Weise wirken sie als natürliche Antibiotika und reduzieren die schädliche Wirkung des UV-Lichts.[3] Polyphenolreiche Nahrungsmittel können die Denaturierung der Proteine im menschlichen Körper verursachen, wobei die Polyphenole als multidentate Liganden zur Aggregation mehrerer Proteine und somit zur Bildung unlöslicher Makrokomplexe führen.[4] Sie hemmen außerdem das Wachstum von Bakterien, indem sie stabile Eisenkomplexe bilden und somit das Eisen aus dem Stoffwechsel des Bakteriums entziehen.[5]

Weiteres Auftreten der Phenole resultiert aus den Emissionen in die Umwelt. Vor allem in der Industrie und in der Landwirtschaft werden die Phenole oft eingesetzt. Hierbei wird vor allem die Giftigkeit dieser Verbindungen für die Mikroorganismen ausgenutzt. Phenole werden beispielsweise als Holzschutzmittel und Pestizide verwendet. Das bekannte phenolische Holzschutzmittel Pentachlorphenol ist bis 1986 in Mengen zwischen 35000–40000 t/a hergestellt worden.[6] In letzter Zeit ist die Produktion stark zurückgegangen. In Deutschland wird es seit 1986 nicht mehr produziert und die EU-Wasserschutzrichtlinie ordnet das Pentachlorphenol zu den „prioritär gefährlichen Stoffen“ ein. Es handelt sich um Stoffe, die toxisch, persistent und bioakkumulierbar sind. Die EU-Richtlinie schreibt vor, innerhalb der nächsten 20 Jahre die Verwendung dieser Substanzen einzustellen.[7] Zu den „prioritär gefährlichen Stoffen“ zählt auch das Nonylphenol, welches in der Vergangenheit als nichtionisches Tensid und Fungizid Verwendung gefunden hat. Obwohl seine Produktionsmenge stark rückläufig ist, werden heutzutage immer noch Nonylphenole in Kleidungsstücken gefunden, die aus dem Ausland importiert werden. Das technische Nonylphenol stellt in der Regel eine Mischung aus mehreren Isomeren dar. Der biologische Abbau der Nonylphenolisomere ist in mehreren Studien untersucht worden und es gilt als erwiesen, dass Nonylphenole giftig für Wasserorganismen und Bakterien sind, was einen schnellen biologischen Abbau erschwert. Verzweigte Isomere des Nonyphenols sind dabei wesentlich persistenter.[8]

Die oben genannten Anwendungen sowie Probleme im Zusammenhang mit Phenolen machen ihre Analytik besonders wichtig. Ob die Aufklärung komplexer chemischer Mechanismen in technologischen Prozessen oder die Qualitätssicherung in der Nahrungsmittel- und Textilindustrie, überall ist die Entwicklung genauer und zuverlässiger Methoden für die Phenolanalyse gefragt. Zurzeit werden die Analysen stetig verbessert, denn obwohl der Einsatz der Phenole stark eingeschränkt oder gar verboten ist, werden oft Mengen im Spurenbereich in den Abwässern (Nonylphenol 0.40 μg/l und Bisphenol A 0.92 μg/l)[9] oder in Textilien[10] gefunden.

Im Juni 2009 veröffentlichte die Prüfstelle CHEMCON einen Prüfungsbericht über die Untersuchung von Beruhigungssaugern. Die gefundenen Konzentrationen an Bisphenol A liegen zwischen 6.4 und 437 mg/kg im Sauger und 204 bis 2284 mg/kg im Plastikteil.[11] In vielen Ländern ist der Einsatz der Phenole für Kindersachen verboten, jedoch noch nicht in Deutschland. Dieses aktuelle Beispiel zeigt, wie wichtig die zuverlässige Analytik dieser Verbindungen ist. Im Weiteren wird sich diese Arbeit mit einigen Aspekten der Phenolanalytik mittels GC-AED beschäftigen. Nach einer Einführung in die Funktionsweise dieser Methode werden die erzielten Ergebnisse dargestellt.

2 Phenole in fossilen Brennstoffen

Die meisten flüssigen fossilen Brennstoffe, wie Benzine, Diesel, Kerosine oder Heizöle stellen unterschiedliche Siedefraktionen der Erdöldestillation dar. Phenole als natürliche Bestandteile jedes Erdöls, sind auch in allen Produkten der Erdöldestillation zu finden. Ihre Zusammensetzung ist vor allem von der Siedefraktion abhängig. Die am häufigsten vorkommenden C_1-C_4-Phenole (n in C_n ist die Anzahl der Substituentenkohlenstoffe) haben ihre Siedepunkte im Bereich zwischen 180 und 250 °C, die mit der Siedefraktion der Leicht- und Mittelöle übereinstimmen. Schweröle, wie Diesel und Heizöle, enthalten geringere Konzentrationen an leichten Phenolen. Die Konzentrationen der schweren Phenole sind in den Schwerölen erheblich größer.

F. Wasinski untersuchte während seiner Doktorarbeit mehrere kommerziell erhältliche Benzine und Diesel auf Phenole und bestimmte den Gesamtphenolgehalt. Die Benzine enthalten demnach zwischen 3 und 290 mg/l Phenole und Diesel zwischen 50 und 200 mg/l.[12] Auffallend sind vor allem die stark unterschiedlichen Phenolkonzentrationen der Benzinproben. Es ist bekannt, dass der Phenolgehalt durch Raffinationsprozesse beeinflusst wird. Zum Beispiel durch Hydrodesulfurierung[13] oder adsorptive Entschwefelungsverfahren mit Ni-Katalysatoren (OWI-Entschwefelungsverfahren) reagieren die enthaltenen Phenole ab. *N. Kolbe* beschäftigte sich mit den quantitativen Analysen der Proben mittels GC-AED und führte einen Vergleich verschiedener Ölproben zur Aufdeckung des Phenolgehaltes in Abhängigkeit vom Entschwefelungsprozess durch.[27] Die Phenolgehalte der Heizöle, die nach OWI-Verfahren entschwefelt wurden, sind in der Tabelle 2.1 zusammengefasst.

Der Gesamtphenolgehalt wird mit Hilfe eines Retentionsschwerpunktes ermittelt, mit dem anschließend das durchschnittliche Molekulargewicht berechnet wird.[12] Die in der Tabelle 2.1 gezeigten Ergebnisse bestätigen die Erwartung, dass die Heizöle kleinere Konzentrationen an leichten Phenolen aufweisen. Der prozentuelle Anteil an C_0-C_3-Phenolen im Vergleich zum Gesamtphenolgehalt beträgt lediglich 2.8%-5.2%. Außerdem ist zu erkennen, dass die Konzentration der C_0-C_3-Phenole mit dem Entschwefelungsgrad abnimmt. Der Gesamtphenolgehalt variiert dagegen nur geringfügig. Die abweichenden Proben S210 und S60 wurden zu anderen Zeitpunkten entnommen, sodass deren Phenolgehalt vermutlich auf andere Lagerungsbedingungen zurückzuführen ist.

Tabelle 2.1 Summenparameter nach OWI-Verfahren entschwefelter Heizöle.[27]

Probenbezeichnung	S850	S605	S410	S210	S60	S16
Schwefelgehalt [ppm]	850	605	410	210	60	16
C_0-C_3-Phenole [μg/g]	48	29	30	19	19	25
Gesamtphenolgehalt [μg/g]	929	988	941	485	522	903
Gew.-% C_0-C_3-Phenole	5.17	2.94	3.19	3.92	3.64	2.77

In den letzten Jahren wird den CO_2-Emissionen und der Umweltfreundlichkeit der fossilen Brennstoffe große Aufmerksamkeit gewidmet. Um die Abhängigkeit von den konventionellen Brennstoffen herabzusenken und gleichzeitig die CO_2-Emissionen zu verringern, werden Biozusätze aus nachwachsenden Rohstoffen verwendet. In Deutschland besteht der Biodieselzusatz aus Fettsäuremethylestern (FAMEs) und wird durch alkalische Veresterung des Rapsöls hergestellt. Bis zum 31. Dezember 2010 wird der Anteil der Biozusätze, gemessen am Energieinhalt, gemäß Richtlinie 2003/30/EG für alle Otto- und Dieselkraftstoffe auf 5.71% gebracht.[14] Biodiesel haben jedoch einen entscheidenden Nachteil gegenüber den herkömmlichen Kraftstoffen. Ihre Lagerstabilität ist durch unterschiedliche chemische Prozesse, wie Oxidationen, Di- und Polymerisierungen sowie Umlagerungen stark beeinträchtigt. Aus diesem Grunde besteht ein großes Interesse, die Reaktionen der FAMEs zu untersuchen[15], um entsprechende Wirkstoffe zu entwickeln, die die Stabilität der Biokraftstoffe erhöhen. Die Phenole sind in diesem Zusammenhang als Stabilisatoren und Antioxidantien interessant. Die Analytik der Phenole im Biodiesel mit AED ist jedoch viel schwieriger als im normalen Diesel. Es kommt zu zahlreichen unerwünschten Reaktionen mit den Biozusätzen, zum Beispiel Umesterungen der FAMEs oder Veresterungen der langkettigen Alkohole. Die entstehenden Ferrocencarbonsäurealkylester haben ähnliche Retentionszeiten wie Phenolester und machen damit Phenolanalysen ungenau. Über die Phenolzusammensetzung in den Biodieseln ist daher bis heute wenig bekannt, was die Entwicklung neuer Analyseverfahren notwendig macht.

3 Methoden der Phenolanalytik

Die im Kapitel 1 beschriebene Bedeutung der Phenole führte zur Entwicklung zahlreicher Analysemethoden, die meistens auf chromatographischen Trennungen basieren. Da die Phenole in sehr unterschiedlichen Matrices analysiert werden, ist auch die Vielfalt der Probenaufbereitungen entsprechend groß. Die Phenole aus wässrigen Proben werden meist durch eine Extraktion mit organischen Lösungsmitteln nach dem Ansäuern der wässrigen Phase isoliert.[16],[17] Phenole aus den organischen Matrices, wie Diesel, Heizöle oder organische Lösungsmittel, können mit Hilfe der flüssig-flüssig-Extraktion in einer alkalisch wässrigen Phase isoliert werden. Die Effizienz der Phenolextraktion aus Butylacetat und Methylisobutylketon wurde von *C. Shibata*[18] untersucht und erreicht bis zu 70–90%.

In einigen Fällen werden die Phenole durch zweifache Extraktion isoliert, zum Beispiel bei der Untersuchung der Phenolzusammensetzung im Diesel.[19] Die Überführung der Phenole in die wässrige Phase und anschließende Extraktion mit Dichlormethan ist jedoch mit Verlusten behaftet. Eine weitere Möglichkeit bietet die Festphasenmikroextraktion,[20] die an Polydimethylsiloxan- oder Polyimidfasern als stationäre Phase durchgeführt wird.[21] Mit anschließender Derivatisierung zu Phenolacetaten können insbesondere Alkylphenole und monosubstituierte Chlorphenole mit Wiederfindungsraten von 95.8–128% bestimmt werden. Für polysubstituierte Chlor- und Nitrophenole liefert die Methode Wiederfindungsraten von 8–66.8% und ist somit wenig geeignet.
Die Trennung der Phenolkomponenten kann entweder mit Hilfe der Gaschromatographie (GC) oder der Hochleistungsflüssigkeitschromatographie (HPLC) erfolgen, wobei letztere für komplexe Matrices keine genügende Trennleistung bietet, dafür aber meist ohne vorherige Derivatisierung auskommt. Die Detektion erfolgt bei der HPLC-Trennung vorwiegend mit einem UV-Detektor. GC-Methoden erfordern eine vorherige Derivatisierung, um die Polarität der Phenolkomponenten zu verringern und eine bessere gaschromatographische Trennleistung zu erreichen.

Es existieren zahlreiche Derivatisierungsmethoden, wie Alkylierung,[22] Silylierung,[19] Acetylierung[23] und Veresterung mit Ferrocencarbonsäurechlorid (FCC).[25] Die Veresterung mit FCC hat sich für zahlreiche Analysen bewährt und hat gegenüber anderen Methoden viele Vorteile. Die Analyten können bei Raumtemperatur innerhalb weniger Minuten mit großer Selektivität zu Ferrocencarbonsäureestern umgesetzt werden. Durch den direkten Zusatz des FCC und 4-DMAP in die Probenmatrix bleibt die aufwändige Probenvorbereitung erspart. Für eine anschließende Abtrennung der

Ferrocencarbonsäureester von den überschüssigen Reagenzien benötigt man lediglich eine Al_2O_3-Minisäule. Die anschließende Analyse kann zum Beispiel mit LC/MS[24] oder GC-AED erfolgen. Durch den Einsatz des GC-AED im eisenselektiven Modus für die Analyse werden sehr gute Nachweisgrenzen (ca. 50 fg Fe/s) und hohe Selektivität (1:4.5 Millionen gegenüber Kohlenstoff) erreicht. Auf diese Weise werden Verunreinigungen, wie gesättigte Kohlenwasserstoffe oder andere aromatische Verbindungen nicht detektiert. Außerdem haben die Ferrocencarbonsäureester relativ hohe Siedepunkte, wodurch der Verlust an Analyten, etwa durch Verdampfen des Lösungsmittels, vermieden wird. Durch die annähernd strukturunabhängige Response des AED können auch Quantifizierungen mit guter Genauigkeit durchgeführt werden. Als interne Standards werden meist fluorierte Phenolester, wie 2FP(FE) oder 4Me2FP(FE) verwendet. Fluorierte Verbindungen als interne Standards sind vorteilhaft, weil sie kein natürliches Vorkommen haben und sich gaschromatographisch von den nichtfluorierten Phenolen trennen lassen. Die Quantifizierung mittels GC-AED wird ausführlich im Kapitel 6.4.4 diskutiert.

Die Veresterung mit FCC wurde von *J. Rolfes* und *Jan T. Andersson* 2001 entwickelt und konnte für die Analysen von verschiedenen Realproben erfolgreich eingesetzt werden, wie zum Beispiel für die Bestimmungen von Alkylphenolen im Diesel, von Nonylphenolisomeren im Verpackungsmaterial und *o*-Phenylphenol in Zitrusfrüchten.[25],[26],[27] Die Veresterung mit FCC hat viele Vorteile: sie ist schnell, selektiv und für den Spurenbereich geeignet. Der größte Nachteil dieser Methode besteht jedoch darin, dass das FCC keine kommerziell erhältliche Chemikalie ist und zunächst synthetisiert werden muss. Die Synthese ist nicht aufwendig, ist aber für ein Labor ohne Syntheseeinrichtungen problematisch. Deswegen stellt sich die Frage, ob es möglich wäre, die Phenole nur mit käuflichen Reagenzien zu verestern. Der Versuch, die Phenole mit Ferrocencarbonsäure (FcCOOH) und 1-Ethyl-3-(3-dimethylaminopropano)carbodiimid (EDC) zu verestern, wurde 2008 von *N. Kolbe*[27] unternommen, allerdings ohne eine ausführliche Optimierung der Reaktionsbedingungen.

4 Funktionsweise des Atomemissionsdetektors

Der Atomemissionsdetektor regt die Atome mit Hilfe eines Heliumplasmas zur Emission an. Im Rahmen dieser Diplomarbeit wird das Agilent G2350A Model benutzt. Das Plasma, welches durch Mikrowellen induziert wird, befindet sich in einem Quarzröhrchen (Discharge Tube). Die Analyten gelangen aus einer GC-Säule durch eine Verbindungseinheit (Transferline) direkt in das Entladungsröhrchen, wo sie durch das mehrere tausend Grad heiße Plasma in Atome zerlegt werden. Anschließend nehmen die Atome Energie auf und werden in einen angeregten Zustand überführt. Bei der darauffolgenden Relaxation in den Grundzustand wird Energie in Form von elektromagnetischer Strahlung emittiert, die für jedes chemische Element charakteristisch ist.

Das emittierte Licht wird durch eine Linse auf einem Spiegel fokussiert und auf ein drehbares Reflektionsgitter geleitet. Das Gitter zerlegt das Licht in sein Spektrum und leitet es über einen zweiten Spiegel zum Detektor. Auf diese Weise ist es möglich den Wellenlängenbereich zwischen 171 nm und 837 nm zu detektieren. Die Detektion der Wellenlängen im UV-Bereich (bis 380 nm) wird durch Luftsauerstoff gestört, was eine Spülung des Geräteinneren mit Stickstoff nötig macht. Der Detektor arbeitet mit einer Photodiodenzelle (Photo Diode Array, PDA), die im verwendeten Agilent G2350A aus 330 einzelnen Photodioden zusammengesetzt ist. Das Funktionsprinzip eines AED-Detektors ist in der Abbildung 4.1 schematisch dargestellt.

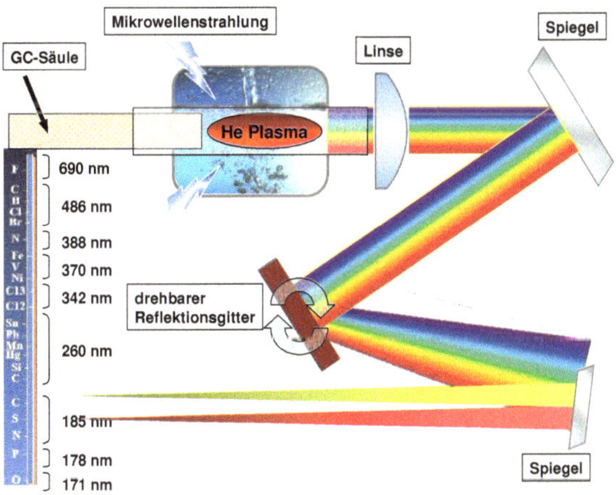

Abbildung 4.1 Funktionsweise des AED-Detektors.

Außer dem He-Transportgas benötigt der AED auch Reagenzgase. Meistens werden hierfür Wasserstoff und Sauerstoff eingesetzt. Sauerstoff bildet mit Kohlenstoff im Plasma CO-Moleküle, die stärkere Strahlung emittieren als Kohlenstoff allein. So kann der Kohlenstoff indirekt detektiert und gleichzeitig die Rußbildung unterbunden werden. Wasserstoff ist ein reduzierendes Reagenzgas und dient zum Entfernen der Ablagerungen auf dem Inneren des Entladungsröhrchens, in dem es unterschiedliche Carbide oder Oxide reduziert.

In einigen Fällen können auch Stickstoff/Methan (90%:10%) oder nur Methan als Reagenzgase verwendet werden. Mit Methan können Stickstoffverbindungen unter Ausbildung der CN-Spezies selektiv detektiert werden (Emission bei 388 nm). Der Einsatz einer Stickstoff/Methan-Mischung (90%:10%) ermöglicht Analysen von Sauerstoffverbindungen. Die Abbildung 4.2 verdeutlicht den Prozess der Plasmabildung in der Plasmaeinheit.

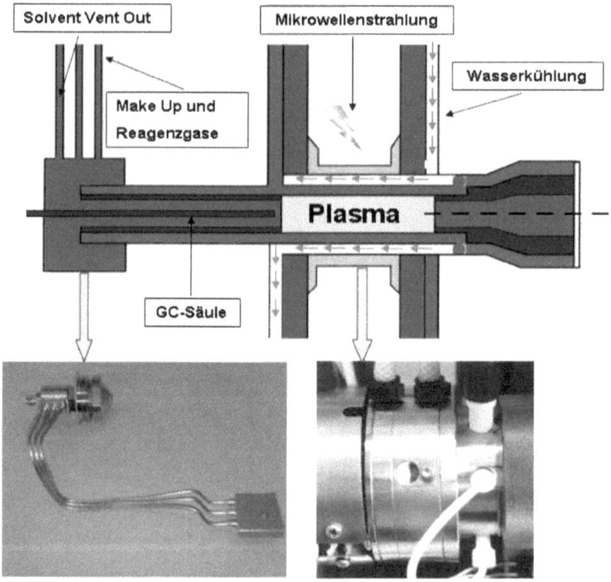

Abbildung 4.2 Schematischer Aufbau der Plasmaeinheit des AED.

Zunächst werden in der so genannten Gas-Unit (Abbildung 4.2 links) beide Reaktionsgase und das Helium-Make-Up-Gas zusammengemischt. Das Make-Up-Gas mit einer Flussrate von etwa 300 ml/min transportiert die von der GC-Säule ankommenden Analyten direkt in das Entladungsröhrchen. Die Gas-Unit hat drei Anschlüsse: der erste für die Reaktionsgase, der zweite für das Make-Up-Gas, der dritte ist der Solvent-Vent-Out. Dieses kann vom Anwender für eine bestimmte Zeit geöffnet werden um die im Make-Up-Gas enthaltenen Komponenten zu entfernen bevor sie das Plasma erreichen. Durch das Solvent-Vent-Out werden vor allem Lösungsmittel und leichtflüchtige Verbindungen, die sonst das He-Plasma auslöschen würden, vor dem Entladungsröhrchen abgeführt. Dieser Schutzmechanismus ist für die Funktion des AED unerlässlich. Meistens ist es ausreichend, das Ventil für 4-5 min nach der Injektion geöffnet zu halten.

Die Gas-Unit ist direkt an die Plasmaeinheit angeschlossen (Abbildung 4.2 rechts), deren Kernstück das Entladungsröhrchen darstellt. Dieses besteht aus Quarzglas und ist mit einer dünnen Polyimidschicht überzogen. Das Plasma erreicht eine Temperatur von mehreren Tausend Kelvin und wird durch einen elektrischen Funken erzeugt. Der Innenraum der Plasmaeinheit ist mit Kühlwasser gefüllt, um das Röhrchen vor Überhitzen zu schützen. Der Detektor ist vom Plasmabereich durch eine Teflonscheibe mit einem Lichtspalt getrennt. Durch den Lichtspalt wird während der Messung Helium geleitet, welches durch das so genannte Cavity-Vent abgeleitet wird. Es handelt sich hierbei um einen Schutzmechanismus, der die Detektorlinse vor Verunreinigungen aus dem Plasma schützt.

5 Aufgabenstellung

Im Rahmen dieser Arbeit werden die Phenole mit Hilfe eines Atomemissionsdetektors (AED) detektiert. Hierzu werden sie zunächst in die Ferrocencarbonsäureester überführt und anschließend mit GC-AED im Eisenmodus detektiert. Das Hauptziel dieser Diplomarbeit ist die Optimierung der Phenolveresterung mit Ferrocencarbonsäure und 1-Ethyl-3-(3-dimethylaminopropano)carbodiimid (FcCOOH und EDC), wobei 4-dimethylaminopyridin (4-DMAP) als Katalysator eingesetzt wird. Es können mehrere Parameter, wie die Stöchiometrie, die Heizdauer in der Mikrowelle und der Überschuss an Reagenzien geändert werden, um möglichst quantitative Ausbeuten zu erhalten. Außerdem ist die Wahl des Reaktionsgefäßes und der Lösungsmittelmenge von entscheidender Bedeutung. Die optimierten Reaktionsbedingungen können anschließend auf die Veresterung von unterschiedlich substituierten Phenolen angewendet werden. Es ist für die weiteren Analysen wichtig zu wissen, wie sich *ortho*-, *meta*-, und *para*-substituierte Phenole unter identischen Reaktionsbedingungen verhalten. Außerdem wird untersucht, wie sich die Substituenten mit unterschiedlichem sterischen Anspruch auf die Ausbeuten auswirken.

Vor der Analyse der Zielverbindungen werden mehrere Optimierungen an dem AED vorgenommen, um die Empfindlichkeit, Nachweis- und Bestimmungsgrenze und den linearen Bereich zu ermitteln und gegebenenfalls zu verbessern. Es wird außerdem ermittelt, ob kleine und große Konzentrationen mit der gleichen Genauigkeit bestimmt werden können.

Der nächste Teil dieser Arbeit beschäftigt sich mit einem neuen Derivatisierungsreagenz, dem Ferrocencarbonsäurefluorid (FCF). Die Synthese des Säurefluorids wurde in mehreren Publikationen beschrieben[28],[29],[30], sein Einsatz beschränkt sich jedoch auf die Derivatisierung von Phenolen, Alkoholen und Aminen in präparativen Mengen. Die Reaktion verläuft mit fast quantitativen Ausbeuten und scheint für Phenolanalytik optimal zu sein. Erfahrungsgemäß können die Reaktionen in analytischen Mengen allerdings ganz anders ablaufen als die in präparativen Ansätzen. Es stellt sich die Frage, ob es möglich wäre, das FCF *in situ* zu synthetisieren und die Derivatisierung in einem Syntheseschritt zu ermöglichen. Erste Versuche die Reaktion zu optimieren, sollen im Rahmen dieser Arbeit durchgeführt werden und werden im Kapitel 7.2.2 ausführlich diskutiert.

6 Optimierung des Atomemissionsdetektors

6.1 Anpassung der Grundeinstellungen

Einige Parameter des Geräts müssen in bestimmten Zeitintervallen erneut eingestellt werden. In der Regel wird das nach einer Wartung oder längerer Funktionspause durchgeführt. Vor dem Beginn arbeitsrelevanter Messungen sind folgende Parameter optimiert worden: He-Säulenvordruck und Make-Up-Gasfluss. Es wurden unterschiedliche He-Vordrücke für eine 1 μmol/l 3,4,5-Trimethylphenyl-Ferrocenester-Lösung (3,4,5TMeP(FE)) getestet und die Peakflächen der Signale miteinander verglichen. Die Ergebnisse sind in der Tabelle 6.1 zusammengefasst.

Tabelle 6.1 Anpassung des He-Säulenvordrucks.

He-Vordruck [psi]	Beobachtung
5	Lösungsmittel gelangt ins Plasma, Messung abgebrochen
15	Keine Störung durch Lösungsmittel, kein Signal detektiert
30	Akzeptable Intensität, aber längere Retentionszeit, stärkeres Tailing
40	Maximale Intensität, gute Peakform
50	Druckabschaltung, Messung abgebrochen

Der optimale Druck liegt somit bei 40 psi. Kleinere und größere Werte sind ungeeignet. Als nächstes wurde der He-Make-Up-Gasfluss geändert, um das Maximum zu ermitteln. Die größte Peakfläche wurde bei einem Gasfluss von 333 ml/min gemessen. Erfahrungsgemäß kann sich dieser Wert mit der Zeit ändern, sodass der He-Fluss etwa ein Mal im Monat optimiert werden muss.

6.2 Nachweisgrenze und linearer Bereich des GC-AED

Der lineare Bereich ist einer der wichtigsten Parameter für ein analytisches Gerät, der für genaue quantitative Analysen eingesetzt wird. Hierfür wird eine Kalibrationsreihe aus mehreren unterschiedlich konzentrierten Lösungen hergestellt. Jede Lösung wird mindestens drei Mal injiziert, um die Standardabweichung zu ermitteln. Der Verlauf der Werte ist graphisch in der Abbildung 6.1 dargestellt.

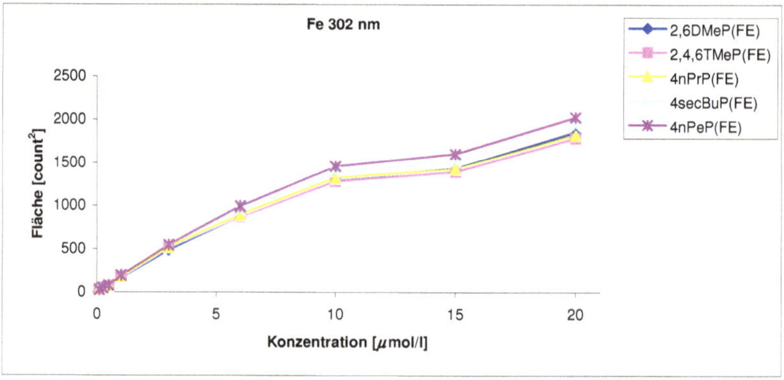

Abbildung 6.1 Peakflächen bei unterschiedlichen Konzentrationen der Phenolester.

Für das Experiment wurden fünf Phenolester mit jeweils gleicher Konzentration in einem GC-Vial vermischt und mit Cyclohexan auf 1 ml verdünnt. Wie aus der Abbildung 6.1 zu erkennen ist, wird die Steigung der Kurve (Empfindlichkeit) ab der Konzentration von 10 µmol/l geringer. Im linearen Bereich darf die Änderung der Empfindlichkeit bei höchstens 10% liegen. Da die Steigung der Kurve die Empfindlichkeit widerspiegelt, kann diese durch Division der ermittelten Peakfläche durch die entsprechende Konzentration ermittelt werden. Die berechneten Empfindlichkeiten sind in der Abbildung 6.2 dargestellt. Der auf diese Weise ermittelte lineare Bereich liegt bei 1.0–10 µmol/l. Die Änderung der Empfindlichkeit zwischen 10 µmol/l und 15 µmol/l ist mit etwa 27% größer als erlaubte 10% im linearen Bereich. Die Intensität zeigt starke Abhängigkeit von dem technischen Zustand des AED. Besonderen Einfluss haben in diesem Zusammenhang der Zustand des Entladungsröhrchens und die Arbeitsdauer des Gerätes. Diese Faktoren erschweren eine genaue Bestimmung des linearen Bereiches.

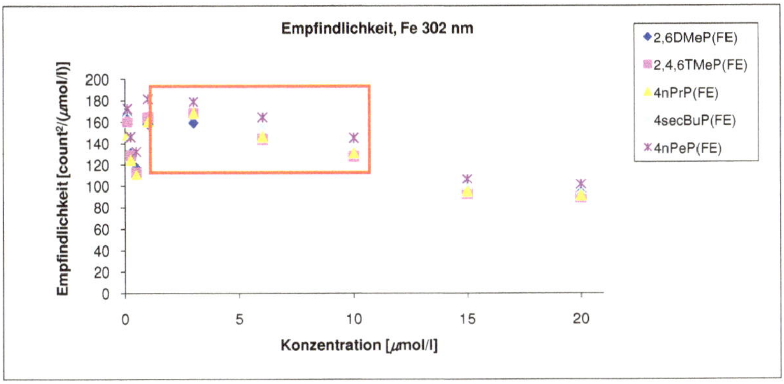

Abbildung 6.2 Empfindlichkeit des GC-AED bei unterschiedlichen Konzentrationen (linearer Bereich rot markiert).

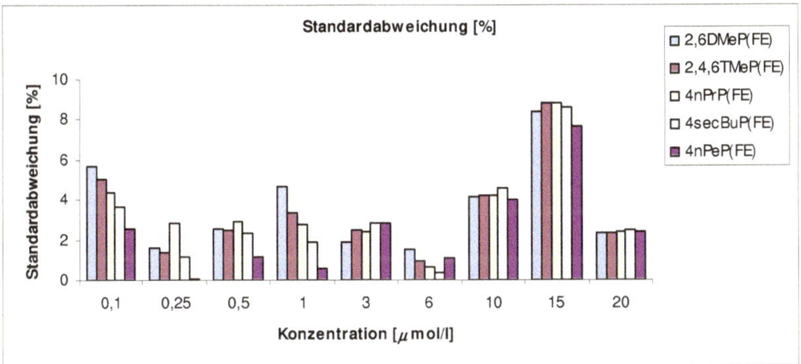

Abbildung 6.3 Relative Standardabweichung der gemessenen Peakflächen bei unterschiedlichen Konzentrationen.

Um gerätebedingte Intensitätsschwankungen zu reduzieren, können die Peakflächen der Analyten auf die Peakfläche des zugegebenen internen Standards normiert werden. Auf diese Weise wirkt sich der Intensitätsabfall auf den Analyten und den internen Standard gleichermaßen aus, das Verhältnis der Peakflächen bleibt jedoch annähernd konstant. Die Quantifizierung mit Hilfe eines internen Standards und Strukturabhängigkeit der AED-Response werden ausführlich im Kapitel 6.4.4 diskutiert.

Die Nachweisgrenze (S/N = 3) liegt bei Injektion von 1 μl bei einer Konzentration von 0.05 μmol/l für alle eingesetzten Phenole. Das entspricht 0.05 pmol injizierter Eisenverbindung oder 0.85 pg Fe/s (4*n*PeP(FE) mit einer Peakbreite von 3.3 s). Ein vergleichbarer Wert (0.5 pg Fe/s) wurde auch von *T. Kreickmann*[31] ermittelt. Laut Herstellerangaben beträgt die Nachweisgrenze jedoch 0.1 pg Fe/s. *F. Wasinski* und *N. Kolbe* erreichten sogar eine Nachweisgrenze bis zu 0.02 pg Fe/s.[27,12]

Zwischen der maximalmöglichen und der im Normalbetrieb erreichbaren Intensität gibt es erfahrungsgemäß große Unterschiede. Das Gerät ist in der Lage nach Erneuerung einiger Teile (Entladungsröhrchen, Säule, Dichtungen usw.) viel höhere Intensitäten zu liefern. Größten Einfluss auf die Nachweisgrenze hat der Zustand des Entladungsröhrchens. Nach Ersatz des Röhrchens fallen die Intensitäten nach etwa 30—40 Messungen stark ab und bleiben dann konstant (etwa für weitere 300—500 Messungen). Die Nachweisgrenze von 0.05 pmol Eisen pro Injektion ist aber für die meisten Bestimmungen ausreichend. Die Qualität der Messungen kann außerdem durch größere Probenvolumina oder größere Injektionsmengen verbessert werden. Die ermittelte Bestimmungsgrenze (S/N = 10) liegt bei 0.25 μmol/l (2.5 pmol Eisen).

6.3 Messung der Eisenemission bei 297 nm und 292 nm

Das Eisen wird im AED standardmäßig bei einer Wellenlänge von 302 nm detektiert, hat jedoch im Bereich 284 nm—316 nm noch weitere Emissionswellenlängen (Abbildung 6.4). Die Linearität und die Intensität der Emission bei anderen Wellenlängen sind unbekannt. So wurde eine Untersuchung der anderen Wellenlängen durchgeführt. Es ist möglich durch Hinzufügen neuer „recipes" (programmierter Diodenzuordnungen) auch andere Wellenlängen simultan zu detektieren. Hierfür werden in einem recipe eine Hauptdiode, drei bis vier Nebendioden sowie drei bis vier Hintergrunddioden manuell zugeordnet. Es werden insgesamt drei neue recipes für die Wellenlängen 284, 292 und 297 nm geschrieben. Die Signale werden simultan mit Fe 302 detektiert. Es werden gleiche Lösungen wie in Kapitel 6.2 durchgeführt, sodass ein direkter Vergleich der Intensitäten möglich ist.

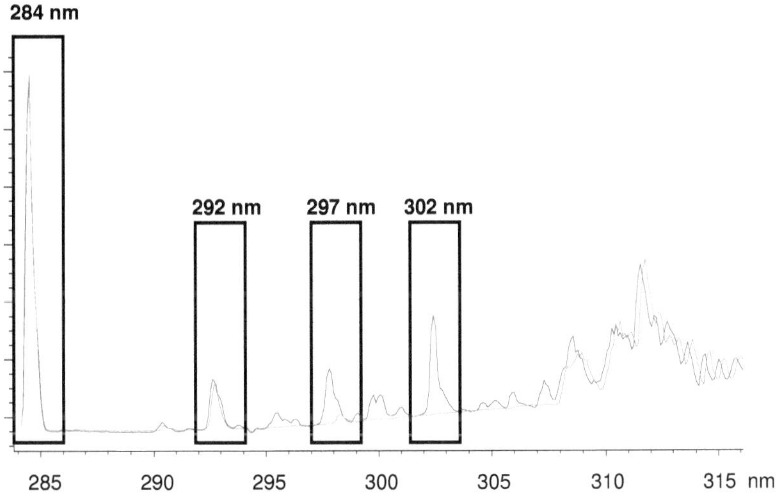

Abbildung 6.4 Das komplette Emissionsspektrum eines Ferrocencarbonsäureesters (blau) mit Hintergrundsignal (rot).

Obwohl Fe 284 die höchste Emission aufweist, konnte für diese Wellenlänge trotz mehrmaliger Versuche keine Emissionsintensität beobachtet werden. Für die beiden anderen Wellenlängen (Fe 292 und Fe 297) konnten zunächst durch Änderungen der recipes die maximale Intensität ermittelt und anschließend der lineare Bereich, die Nachweis- und Bestimmungsgrenze bestimmt werden. Die erhaltenen Daten sind in der Tabelle 6.2 zusammengefasst.

Tabelle 6.2 Vergleich unterschiedlicher Detektionswellenlängen (1 μl injiziert).

Wellenlänge [nm]	Nachweisgrenze [μmol/l]	Bestimmungsgrenze [μmol/l]	linearer Bereich
Fe 292	1	3	3 μmol/l–6 μmol/l
Fe 297	0.5	1	3 μmol/l–6 μmol/l
Fe 302	0.05	0.25	1 μmol/l–10 μmol/l

Der Vergleich der unterschiedlichen recipes zeigt, das die Wellenlängen 292 nm und 297 nm für weitere Analysen ungeeignet sind. Im Vergleich zur Standardwellenlänge sind die Nachweis- und Bestimmungsgrenzen deutlich größer. Auch der ermittelte lineare Bereich ist im Vergleich zu Fe 302 auf das Dreifache verkleinert. Außerdem sind die Empfindlichkeiten (Fläche/Konzentration), wie in der Abbildung 6.5 zu erkennen ist, für Fe 302 deutlich größer.

Der Grund dafür könnte das Hintergrundrauschen sein, welches durch Helium verursacht werden kann. Wasserstoff und Sauerstoff zeigen in diesem Bereich keine Emission (486 nm, 656 nm für H_2 und 171 nm für O_2). Die Abbildung 6.4 zeigt zwei Emissionsspektren: ein Eisenspektrum (blau), welches am Peakmaximum aufgenommen wird und ein Hintergrundspektrum (rot), welches kurz vor dem Peak aufgenommen wird, und somit keine Eisenemission enthalten kann. Die Fe 284 und Fe 292 werden fast vollständig vom Hintergrund überlagert. Im Bereich von Fe 297 ist auch ein geringes Hintergrundsignal zu beobachten. Damit lässt sich erklären, dass Fe 297 bessere Nachweis- und Bestimmungsgrenze als Fe 292 und Fe 284 aufweist.

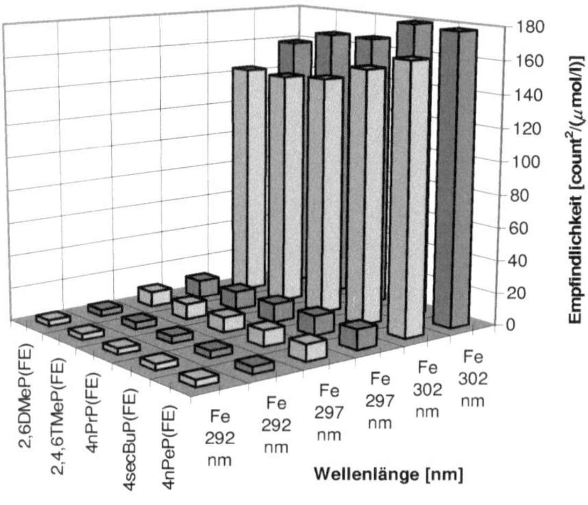

Abbildung 6.5 Vergleich der Empfindlichkeiten bei unterschiedlichen Wellenlängen, 3 µmol/l (blau) und 6 µmol/l (rot).

6.4 Abhängigkeit des linearen Bereiches von den Geräteeinstellungen

Da die Vergrößerung des linearen Bereiches mit Hilfe neuer Detektionswellenlängen nicht erfolgreich war (Kapitel 6.3), wird im Folgenden die Linearität der AED-Messungen bei unterschiedlichen Gaseinstellungen untersucht. Hierzu wird eine Versuchsreihe gestartet, bei der zunächst der H_2-Druck, dann O_2-Druck und anschließend der He-Make-Up-Gasfluss geändert werden. Bei jeder Druckeinstellung werden zwei Ferrocenesterlösungen vermessen mit den Konzentrationen 1 μmol/l und 50 μmol/l. Beide Konzentrationen werden so gewählt, dass sie außerhalb des vorher ermittelten linearen Bereichs liegen (vgl. Tabelle 6.2). Die berechneten Empfindlichkeiten (Fläche/Konzentration) für 1 μmol/l und 50 μmol/l unterscheiden sich daher deutlich stärker als im linearen Bereich, wo nur ein Unterschied von 10% erlaubt ist. Gelangt die Differenz der Empfindlichkeiten bei einer bestimmten Einstellung an ihr Minimum, so wird die beste Annäherung an die Linearität erreicht. Ideal wären eine Differenz von 10% und weniger.

6.4.1 Optimierung des Wasserstoffdruckes

Der H_2-Druck wird durch die Softwareeinstellung stufenweise erhöht, andere Einstellungen bleiben während der Messsequenz konstant: O_2-Druck bei 20 psi, Make-Up-Gasfluss bei 380 ml/min. Jede Lösung wird mindestens drei Mal injiziert, um eine gute Reproduzierbarkeit der Ergebnisse zu erreichen. Die gemessenen Peakflächen sind in der Abbildung 6.6 und Abbildung 6.7 zusammengefasst.

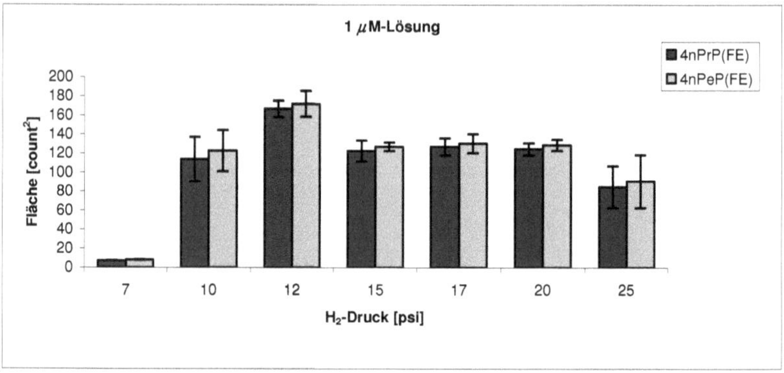

Abbildung 6.6 Intensität der Fe-Emission in Abhängigkeit von dem Wasserstoffdruck (1 μmol/l-Lösung).

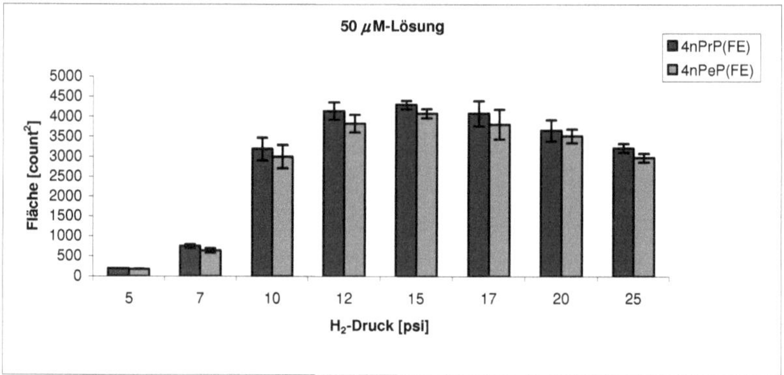

Abbildung 6.7 Intensität der Fe-Emission in Abhängigkeit von dem Wasserstoffdruck (50 μmol/l-Lösung).

Der Wasserstoffdruck zeigt einen deutlichen Einfluss auf die Signalintensität. Unter 10 psi wird für beide Lösungen ein starker Intensitätsabfall beobachtet und ab 20 psi können für die 1 μmol/l-Lösung keine genauen Ergebnisse erhalten werden (Abbildung 6.6). Die maximale Peakfläche liegt je nach Konzentration bei unterschiedlichen Wasserstoffdrücken, sodass ein Druckbereich zwischen 12 und 15 psi als optimale Einstellung definiert wird.

Nun wird für jeden der eingestellten H_2-Drücke die entsprechende Empfindlichkeit ausgerechnet. Als Nächstes wird die prozentuelle Differenz zwischen den Empfindlichkeiten der 1 μmol/l- und 50 μmol/l-Lösung bestimmt. Wie bereits oben erwähnt, entspricht die kleinste Differenz der besten Annäherung an den linearen Bereich. Die erhaltenen Ergebnisse sind in der Abbildung 6.8 wiedergegeben.

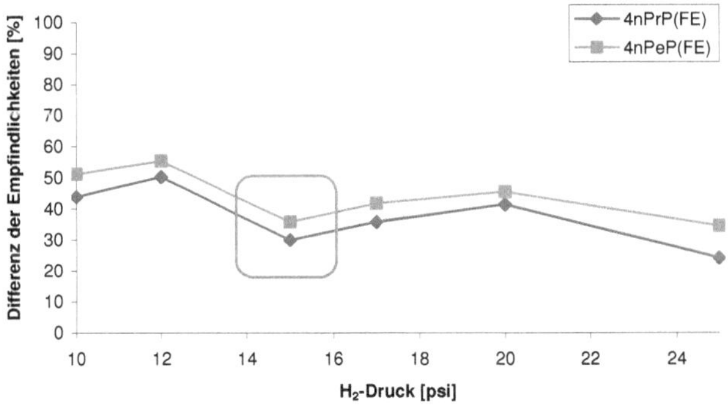

Abbildung 6.8 Relative Differenz der Empfindlichkeiten bei unterschiedlichen H_2-Drücken (optimale Einstellung rot markiert).

Das Minimum wird zwischen 14 und 16 psi beobachtet. Da die maximalen Peakflächen im Bereich von 12–15 psi liegen, wird der H_2-Druck im Folgenden auf 14–15 psi gesetzt. Bei den Werten kleiner als 12 psi und größer als 20 psi ist der Verlauf der Kurve auf die Ungenauigkeit der Messungen zurückzuführen (siehe Standardabweichungen in der Abbildung 6.6).

6.4.2 Optimierung des Sauerstoffdruckes

Als Nächstes wird auf die gleiche Weise, wie im Kapitel 6.4.1 der O_2-Druck variiert und jeweilige Empfindlichkeiten ausgerechnet. Der Wasserstoffdruck wird auf einen konstanten Wert von 15 psi gesetzt. Die Ergebnisse werden in den folgenden Abbildungen dargestellt.

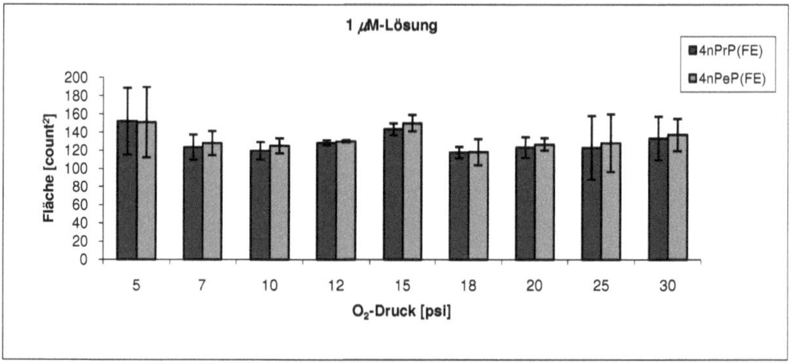

Abbildung 6.9 Intensität der Fe-Emission in Abhängigkeit von dem Sauerstoffdruck (1 μmol/l-Lösung).

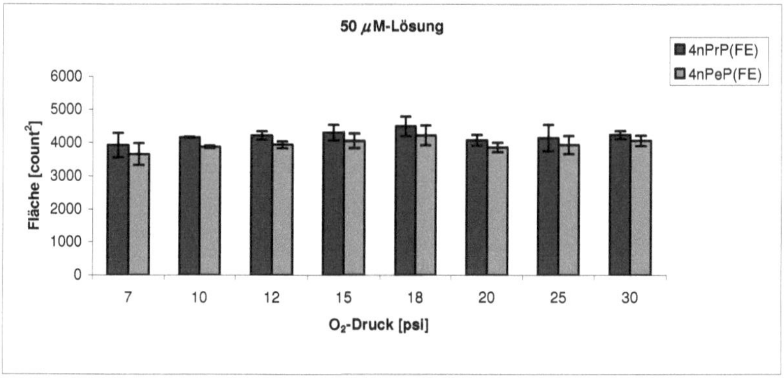

Abbildung 6.10 Intensität der Fe-Emission in Abhängigkeit von dem Sauerstoffdruck (50 μmol/l-Lösung).

Die Variation des O_2-Druckes hat offensichtlich einen kleineren Einfluss auf die Signalintensität als die des H_2-Druckes. Der optimale Druckbereich liegt zwischen 15 und 18 psi. Für die 1 μmol/l-Lösung sind die Standardabweichungen bei kleinen und großen Drücken größer als bei mittleren. Dieses Verhalten wurde bereits bei der Optimierung des Wasserstoffdruckes (Abbildung 6.6) beobachtet. Die dazugehörigen Empfindlichkeitsdifferenzen sind in der Abbildung 6.11 dargestellt.

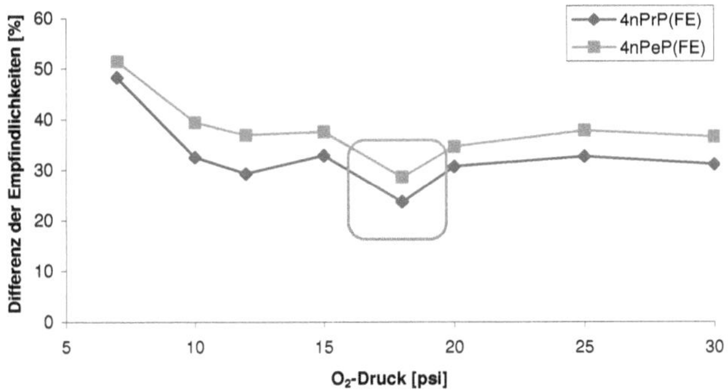

Abbildung 6.11 Relative Differenz der Empfindlichkeiten bei unterschiedlichen O_2-Drücken (optimale Einstellung rot markiert).

Der optimale Bereich für den Sauerstoffdruck liegt zwischen 16 und 19 psi. Für die folgenden Analysen wird der O_2-Druck auf einen konstanten Wert von 18 psi gesetzt.

6.4.3 Optimierung des He-Make-Up-Gasflusses

Der He-Make-Up-Gasfluss ist einer der wichtigsten Parameter im Atomemissionsdetektor. Bei zu kleinen Werten werden die Komponenten nicht vollständig in das Plasma überführt und bei zu großen ist die Atomisierung unvollständig. In beiden Fällen wird die Signalintensität abgeschwächt. Folgende Abbildungen bestätigen diese Aussage. Für eine weitere Auswertung der erhaltenen Ergebnisse sind nur Werte zwischen 260 ml/min und 400 ml/min aussagekräftig. Der Grund dafür ist, dass unter 260 ml/min und über 400 ml/min die Signalintensität für die 1 μmol/l-Lösung an der Bestimmungsgrenze liegt und daher mit großen Fehlern behaftet ist.

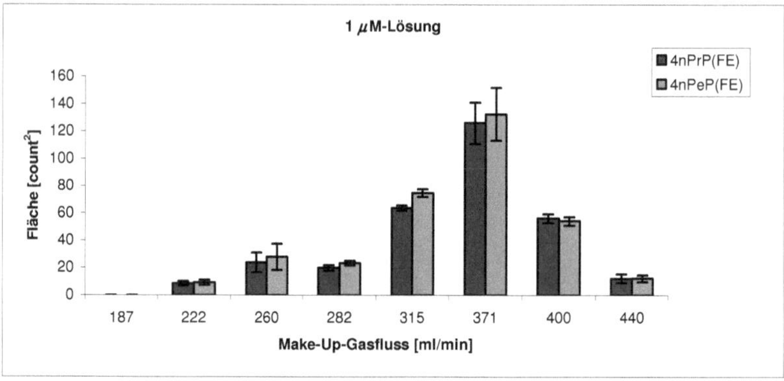

Abbildung 6.12 Intensität der Fe-Emission in Abhängigkeit von dem Make-Up-Gasfluss (1 µmol/l-Lösung).

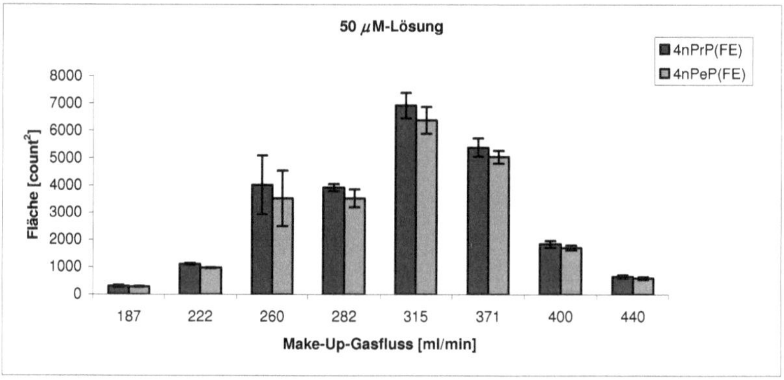

Abbildung 6.13 Intensität der Fe-Emission in Abhängigkeit von dem Make-Up-Gasfluss (50 µmol/l-Lösung).

Die optimale Einstellung des He-Make-Up-Gasflusses konnte durch diese Experimente ermittelt werden und liegt zwischen 315 ml/min und 371 ml/min. Ähnlich, wie in den Kapiteln 6.4.1 und 6.4.2 werden die Empfindlichkeiten für beide Lösungen ausgerechnet und relative Differenzen gebildet. Abbildung 6.14 gibt die erhaltenen Ergebnisse wieder.

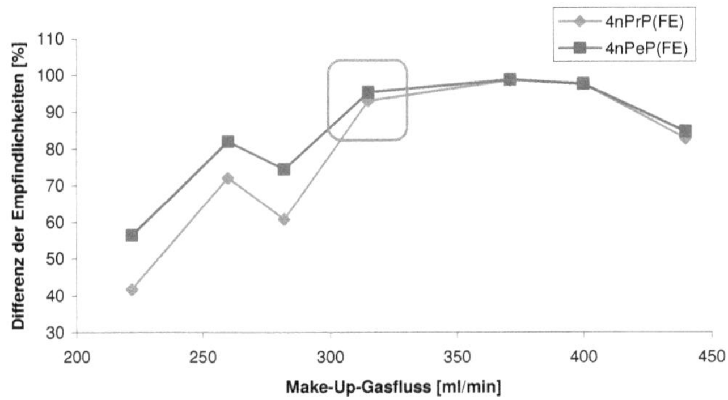

Abbildung 6.14 Relative Differenz der Empfindlichkeiten bei unterschiedlichem He-Make-Up-Gasfluss (optimale Einstellung rot markiert).

Wie oben bereits erwähnt, werden nur die Werte für 260—400 ml/min für die Auswertung benutzt. Die optimale Flussrate liegt somit zwischen 260 und 315 ml/min und wird regelmäßig überprüft. Auffallend ist der Unterschied der Werte für beide Phenolester unter 315 ml/min, der bei größeren Werten kleiner wird. Gleiches Ansprechverhalten des Detektors für unterschiedliche Phenolester ist notwendig für eine genaue Phenolbestimmung in Proben mit mehreren Komponenten. Deswegen wird He-Make-Up-Fluss vorzugsweise auf einen Wert von etwa 315 ml/min gesetzt, wo eine gute Annäherung an den linearen Bereich und gleichzeitig möglichst ähnliches Responseverhalten unterschiedlicher Ester gewährleistet ist.

6.4.4 Quantifizierung mit GC-AED

Für die Quantifizierung werden 2FP(FE) und 2Me4FP(FE) genau eingewogen und in Cyclohexan gelöst. Hierbei wird 2FP(FE) als interner Standard (IS) benutzt, die Konzentration von 2Me4FP(FE) wird variiert. Es wird außerdem überprüft, welchen Einfluss die Menge des internen Standards auf die Genauigkeit der Quantifizierung hat. Somit könnten kleinere Analytenpeaks mit kleineren IS-Konzentrationen genauer bestimmt werden als mit größeren. Die erhaltenen Ergebnisse sind in den unteren Abbildungen zusammengefasst. Die tatsächliche Konzentration an 4Me2FP(FE) wird gegen die mit Hilfe des IS berechnete Konzentration aufgetragen. Im Idealfall sollte eine Linie mit einer Steigung von eins entstehen (rote Linie in den unteren Abbildungen).

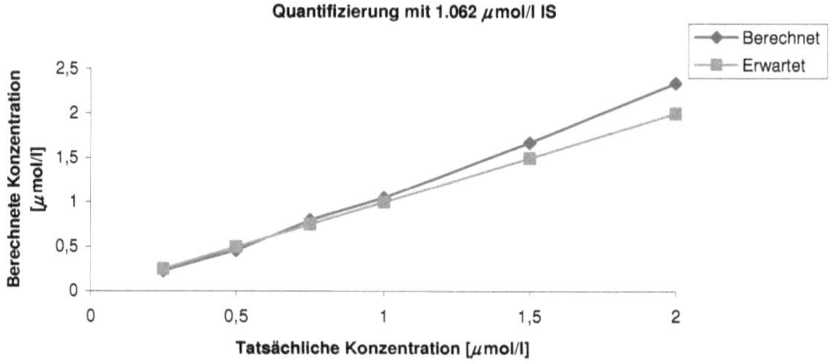

Abbildung 6.15 Quantifizierung von 2Me4FP(FE) mit 1.062 μmol/l 2FP(FE) als IS.

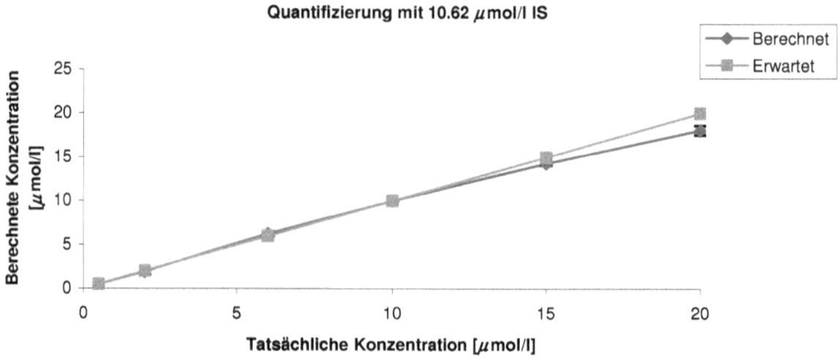

Abbildung 6.16 Quantifizierung von 2Me4FP(FE) mit 10.62 μmol/l 2FP(FE) als IS.

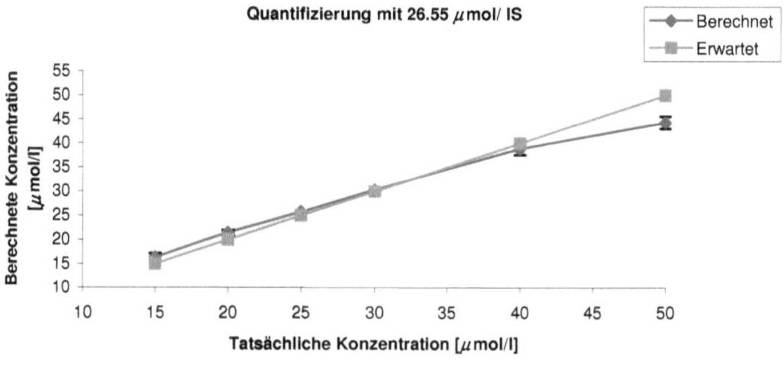

Abbildung 6.17 Quantifizierung von 2Me4FP(FE) mit 26.55 μmol/l 2FP(FE) als IS.

Es ist deutlich zu erkennen, dass die Genauigkeit der Quantifizierung von der Konzentration des IS abhängig ist. In allen durchgeführten Versuchen konnte das 2Me4FP(FE) mit einer Genauigkeit unter 5% bestimmt werden. Die Konzentration der Analyten darf jedoch nicht das Zweifache der IS-Konzentration überschreiten. Die erhaltenen Ergebnisse zeigen, dass der im Kapitel 6.2 ermittelte lineare Bereich (1-10 μmol/l) kein gutes Kriterium für quantitative Untersuchungen mit dem AED darstellt. Die in diesem Kapitel beschriebenen Analysen erlauben genaue quantitative Bestimmungen im Bereich von 0.25-40 μmol/l. Für Realproben mit mehreren Phenolen können zwei interne Standards mit unterschiedlicher Konzentration gleichzeitig zugegeben werden, um einen möglichst breiten Bestimmungsbereich zu gewährleisten.

Auf diese Weise lässt sich außerdem überprüfen, ob der Atomemissionsdetektor unterschiedlich substituierte Phenole mit gleicher Genauigkeit detektiert. Über das strukturabhängige Verhalten des Detektors wurde bereits in mehreren Arbeiten berichtet. Eine konkrete Aussage lässt sich allerdings allein durch den Vergleich der Peakflächen nicht machen. Wenn jedoch mehrere Phenolester mit exakt bekannter Konzentration und unterschiedlichem Substitutionsmuster (z.B. 2,4,6TClP(FE) und 4*n*NonylP(FE)) quantifiziert werden, können die zugegebenen Mengen mit den berechneten verglichen werden. Durch die bestimmten Mehr- oder Minderbefunde lassen sich Rückschlüsse auf die Responseabhängigkeit des AED vom Substitutionsmuster ziehen. Aufgrund technischer Störung konnte dieser Versuch nicht durchgeführt werden. Deswegen wird eine Diskussion über die Response des AED im Rahmen dieser Arbeit ausgelassen.

6.4.5 Bestimmung des Pipettenfehlers

Zuletzt wird die Genauigkeit der 25 μl-Pipette (Gilson) überprüft, mit der die internen Standards pipettiert werden. Diese Überprüfung hat für die Quantifizierung eine entscheidende Bedeutung, denn ein Pipettenfehler hat Auswirkungen auf alle darauffolgenden Analysenschritte. Für die Untersuchung werden jeweils 10 μl von 2FP(FE) und 2Me4FP(FE) zu 1 ml Cyclohexan zugegeben. Die Konzentrationen der Standards im Vial betragen 10.62 μmol/l (2FP(FE)) und 12.3 μmol/l (2Me4FP(FE)). Insgesamt werden sechs Lösungen gleicher Zusammensetzung hergestellt. Jede der Lösungen wird vier Mal mit dem AED vermessen. Die Konzentrationen von 2Me4FP(FE) werden zunächst mit 2FP(FE) als interner Standard ausgerechnet und mit der tatsächlichen Konzentration von 12.3 μmol/l verglichen. Da jede Lösung vier Mal injiziert wird, können auch Aussagen über die Injektions- und Detektionsgenauigkeit des AED getroffen werden. Die Ergebnisse sind in der Tabelle 6.3 zusammengefasst.

Die mehrfache Injektion zeigt, dass der AED gut reproduzierbare Ergebnisse liefert: Die relative Standardabweichung für alle berechneten Mittelwerte liegt zwischen 0.96% (Lösung 1) und 2.05% (Lösung 6).

Tabelle 6.3 Überprüfung der Genauigkeit der 25 µl-Pipette.

	Berechnete Konzentration von 2Me4FP(FE) [µmol/l]					
Lösung Nr.	Mess. 1	Mess. 2	Mess. 3	Mess. 4	Mittelwert	RSD [%]
1	12.03	12.05	12.29	12.17	12.13	0.96
2	12.25	12.43	12.45	12.08	12.30	1.39
3	12.4	12.56	12.45	12.11	12.40	1.61
4	12.13	12.17	12.07	11.81	12.04	1.35
5	12.38	12.31	12.19	11.84	12.18	1.97
6	12.44	12.30	12.47	11.92	12.28	2.05

Die tatsächliche Konzentration an 2Me4FP(FE) entspricht 12.3 µmol/l, die berechneten Konzentrationen variieren dagegen zwischen 12.13 µmol/l (Lösung 1) und 12.40 µmol/l (Lösung 3). Der Fehler liegt somit zwischen 0.81% (Lösung 1) und 1.38% (Lösung 3). Der Vergleich der berechneten Pipettenfehler mit den Angaben des Herstellers (1.7%)[32] zeigt, dass die verwendete 25 µl-Pipette diesen Wert nicht überschreitet und eine gute Reproduzierbarkeit der Ergebnisse gewährleistet. Der geringe Unterschied zwischen den ermittelten Werten und den Vorgaben des Herstellers ist darauf zurückzuführen, dass der Hersteller andere Methoden für die Kalibrierung verwendet hat. Für alle im Rahmen dieser Arbeit durchgeführten Bestimmungen werden mindestens drei parallele Ansätze gemacht, wobei jeder Ansatz anschließend drei Mal injiziert und vermessen wird. Auf diese Weise werden Geräte- und Pipettenfehler minimiert und eine gute Reproduzierbarkeit der Ergebnisse gewährleistet.

7 Derivatisierung von Phenolen mit Ferrocenderivaten

7.1 Derivatisierung mit Ferrocencarbonsäure und 1-Ethyl-3-(3-dimethylaminopropano)carbodiimid Hydrochlorid

Die Phenolveresterung mit FcCOOH/EDC ist eine Alternative zur Veresterung mit FCC. Der Vorteil dieser Methode ist, dass alle Reagenzien kommerziell erhältlich sind, was einen vorherigen Syntheseschritt unnötig macht. Möglicherweise ist die Methode auch für Analysen in einer Wässrigen Phase geeignet. Einige mit dieser Reaktion durchgeführte Analysen werden in den folgenden Kapiteln präsentiert.

7.1.1 Allgemeine Angaben zur Reaktion

Die Veresterung der Phenole mit Ferrocencarbonsäure (FcCOOH) und 1-Ethyl-3-(3-dimethylaminopropano)carbodiimid Hydrochlorid (EDC) ist eine Variante der sogenannten *Steglich*-Veresterung, die normalerweise mit Dicyclohexylcarbodiimid (DCC) durchgeführt wird.[33], [34] Das DCC hat sich jedoch für Veresterungen im analytischen Maßstab als ungeeignet erwiesen, weil das Cyclohexylamid in großen Mengen als Nebenprodukt entsteht.[27] Das EDC liegt in Lösung teilweise cyclisiert vor (Abbildung 7.1). Durch die Tautomerie weist es eine andere Reaktivität auf, die offensichtlich dafür verantwortlich ist, dass die Bildung von Nebenprodukten vermindert wird.

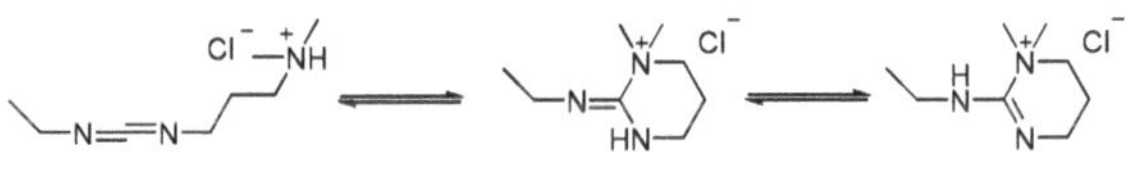

Abbildung 7.1 Tautomere Formen von EDC in Lösung.

Die Reaktionsgleichung der Veresterung mit FcCOOH und EDC ist in der Abbildung 7.2 zu sehen. Das EDC (**2**) erhöht die Reaktivität der Ferrocencarbonsäure (**1**), indem es die Säure zunächst deprotoniert und anschließend mit dem gebildeten Carboxylat (**3**) zu einem *o*-Acylisoharnstoffderivat (**4**) abreagiert. Die Reaktivität des Harnstoffderivates (**4**) ist etwa mit der Reaktivität eines entsprechenden Säureanhydrids vergleichbar. Die Verbindung befindet sich durch Protonierung in einem tautomeren Gleichgewicht. Die protonierte Form wird durch einen nukleophilen Angriff des 4-Dimethylaminopyridins (4-DMAP) unter Abspaltung eines Harnstoffderivates zum

Carbonsäureamid (**5**) umgesetzt. Anschließend erfolgt ein nukleophiler Angriff des Phenolsauerstoffes an den Kohlenstoff des Amides. Unter Abspaltung von 4-DMAP bildet sich der entsprechende Phenolester.

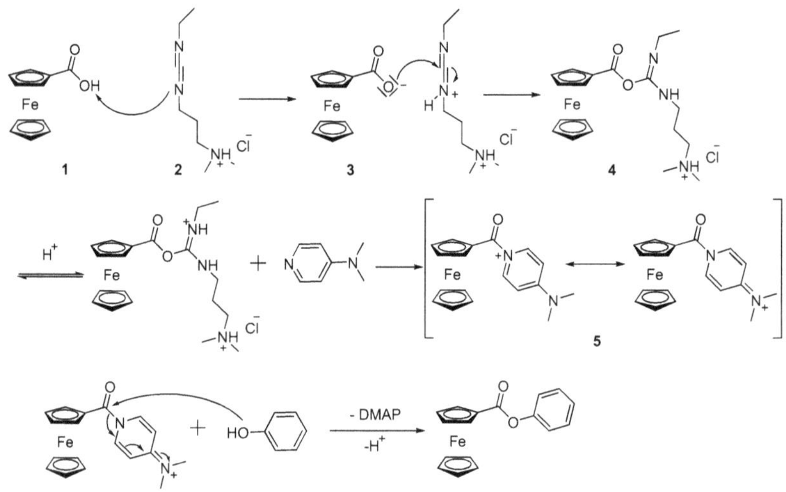

Abbildung 7.2 Reaktionsgleichung der Phenolveresterung mit FcCOOH und EDC.

Diese Reaktion ist auch für Alkohole und Amine geeignet, was bei einigen Realproben zu unerwünschten Nebenprodukten führen kann. Auch bei der Phenolveresterung entstehen Nebenprodukte. Ein Peak wird im AED-Chromatogramm kurz vom 2FP(FE) (5.8 min) detektiert, der andere Peak mit einem starken Tailing wird direkt nach 2Me4FP(FE) (9.1 min) beobachtet.

7.1.2 Optimierung der Derivatisierung

Für die Optimierung der Reaktionsbedingungen wird eine Standardmischung hergestellt, die aus 4EtP, 4*n*PrP, 2*t*Bu4MeP, 4*n*NonylP und 3,7DMe-1-Oktanol besteht (304 bis 396 μmol). Aus der Stammlösung werden jeweils 10 μl injiziert (304 bis 396 nmol). 4Et-, 4*n*Pr- und 4*n*NonylP wurden ausgewählt, um die Reaktivität der Phenole in Abhängigkeit von der Länge der Alkylkette vergleichen zu können. 2*t*Bu4MeP gehört zu den sterisch gehinderten Phenolen, die eine geringere Reaktivität aufweisen, deswegen ist es wichtig einen Vertreter dieser Phenolgruppe zu untersuchen. 3,7DMe-1-Oktanol ist ein langkettiger primärer Alkohol. Alkohole sind in zahlreichen Realproben vorhanden und stellen bei der Phenolbestimmung unerwünschte Verunreinigungen dar. Denn, obwohl Phenole reaktiver als Alkohole sind, können mit der oben beschriebenen Reaktion auch Alkohole verestert werden. Es ist daher notwendig die Reaktivität dieser Verbindungen zu untersuchen.

Als erstes bei der Optimierung der Reaktion wurden die passenden Reaktionsgefäße ausgewählt. Die Reaktion sollte in höchstens 500 μl Dichlormethan (DCM) durchgeführt werden, daher wurden drei unterschiedliche Gewindeflaschen getestet: 1.5 ml, 4 ml und 10 ml. Da die Reaktion in der Mikrowelle durchzuführen ist, wird die Lösung dabei erhitzt und es bildet sich im Inneren der Fläschchen ein Überdruck. Das Reaktionsgefäß muss den Überdruck aushalten, sonst kommt es zu einem unkontrollierbaren Lösungsmittelverlust. Bei jedem Versuch werden standardmäßig drei parallele Ansätze gemacht. Durch unterschiedlichen Verlust der Lösungsmittel aus den Glasgefäßen unterscheiden sich die Konzentrationen der Reagenzien von Ansatz zu Ansatz, was zu einer schlechten Reproduzierbarkeit der Ergebnisse führt.

Als geeignet haben sich nur 10 ml-Reaktionsvials erwiesen, bei denen auch nach 10 min Heizen in der Mikrowelle kein nennenswerter Lösungsmittelverlust festgestellt wurde. Die Reaktion wurde mit unterschiedlichen Lösungsmittelmengen durchgeführt: 200 μl, 400 μl und 800 μl DCM. Bei 200 μl DCM entstehen größere Konzentrationen an Nebenprodukten als bei 400 μl. Das GC-AED-Chromatogramm des Versuches mit 200 μl DCM ist in der Abbildung 7.3 zu sehen. Das Nebenprodukt, welches nach dem 2FP(FE) beobachtet wird (bei 9.1 min), zeigt ein sehr starkes Tailing und würde sich mit C_1-Phenolen überlagern.

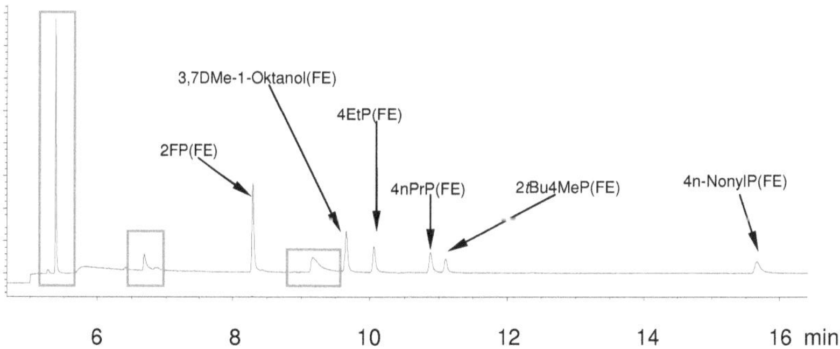

Abbildung 7.3 Eisenselektives GC-AED-Chromatogramm der Standardmischung, nach einer Veresterung in 200 μl DCM (Nebenprodukte sind rot markiert).

Bei 400 µl und 800 µl DCM wird das Nebenprodukt bei 9.1 min nicht mehr beobachtet. Die beiden anderen Nebenprodukte haben kleinere Retentionszeiten als Phenole und stellen somit keine Störungen dar. Der Vergleich zeigt, dass bei 400 µl größere Ausbeuten erhalten werden, deswegen wird dieses Volumen für weitere Analysen benutzt. Als nächstes wurde die Heizdauer in der Mikrowelle optimiert. Hierzu werden die Analyten (1635 nmol Gesamtmenge) aus der oben erwähnten Standardmischung entnommen und zu 100 µl DCM zugegeben. Anschließend werden zu der Lösung weitere 300 µl DCM mit gelösten FcCOOH, EDC und 4-DMAP zugegeben (jeweils 9810 nmol, 6-facher Überschuss zur Gesamtmenge der Analyten).

Drei parallele Ansätze werden 2x1 min erhitzt, weitere drei Ansätze 3x2 min. Die überschüssigen Reagenzien sowie Nebenprodukte werden mit 5 ml DCM auf einer Al_2O_3-Minisäule abgetrennt, das DCM wird unter Stickstoffstrom verdampft, die Analyten in 1 ml Cyclohexan aufgenommen und mit GC-AED vermessen. Die erhaltenen Ergebnisse sind in der Tabelle 7.1 zusammengefasst.

Tabelle 7.1 Vergleich der Ausbeuten nach unterschiedlicher Heizdauer.

	2x1 min in der Mikrowelle		3x2 min in der Mikrowelle	
	Ausbeute [%]	RDS [%]	Ausbeute [%]	RDS [%]
3,7DMe-1-Oktanol(FE)	1.2	118	1.9	17
4EtP(FE)	4.4	57	16	21
4*n*PrP(FE)	4.0	59	14.3	21
2*t*Bu4MeP(FE)	0.5	56	1.3	11
4*n*NonP(FE)	3.5	61	12.3	28

Der Vergleich der Ausbeuten zeigt eindeutig, dass 2x1min in der Mikrowelle für diese Reaktion eine unpassende Heizdauer ist. Auch die relative Standardabweichung ist viel größer. Für weitere Analysen wird jedes Reaktionsgefäß drei Mal für jeweils zwei Minuten in der Mikrowelle erhitzt.

Als nächstes wird die Zusammensetzung der benötigten Reagenzien optimiert. Analog zum oben beschriebenen Versuch werden 1635 nmol Phenole mit einem sechsfachen Überschuss an FcCOOH 2x3 min erhitzt. Das Verhältnis FcCOOH:EDC:4-DMAP, welches in allen Versuchen davor 1:1:1 betrug, wird nun geändert. Es werden folgende Zusammensetzungen getestet: 1:1:4 und 1:4:1 (FcCOOH:EDC:4-DMAP). In beiden Fällen wurde keine nennenswerte Erhöhung der Ausbeuten beobachtet. Zudem ist die Konzentration der Nebenprodukte deutlich gestiegen. Das optimale Verhältnis der

Reagenzien beträgt somit FcCOOH:EDC:4-DMAP 1:1:1 und wird für alle weiter beschriebenen Analysen benutzt.

Zuletzt wird der Überschuss an FcCOOH optimiert, um die Ausbeuten zu maximieren. Mit dem in vorherigen Analysen erwähnten sechsfachen Überschuss können nur 1.3%–14.3% Ausbeuten erhalten werden (vergleich Tabelle 7.1). Das Ziel ist, dass alle Komponenten der Standardmischung quantitativ abreagieren. Eine Erhöhung des Überschusses von 6- auf 15-fach liefert deutlich größere Ausbeuten (Abbildung 7.5).

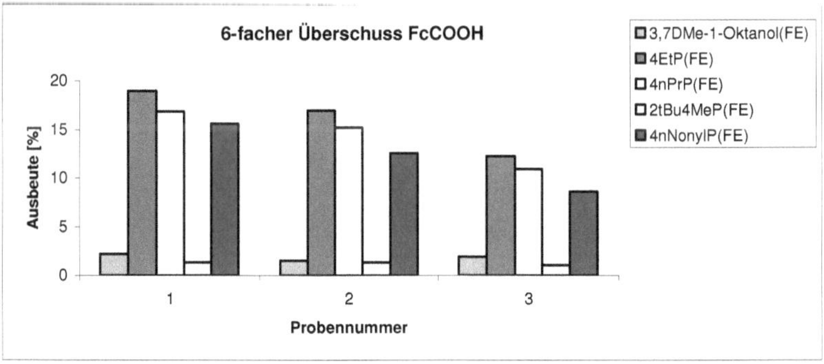

Abbildung 7.4 Veresterung mit einem 6-fachen Überschuss an FcCOOH.

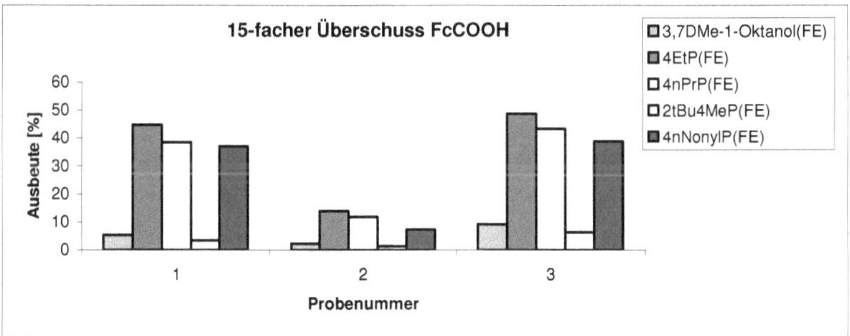

Abbildung 7.5 Veresterung mit einem 15-fachen Überschuss an FcCOOH.

Die Standardabweichung ist jedoch sehr hoch, sodass eine weitere Erhöhung der Reagenzien notwendig ist. Die erwünschte Reproduzierbarkeit der Ergebnisse konnte erst bei einem 200-fachen Überschuss erreicht werden. Für alle Komponenten außer 2*t*Bu4MeP(FE) beträgt die relative Standardabweichung unter 6% (20.6% für 2*t*Bu4MeP(FE)).

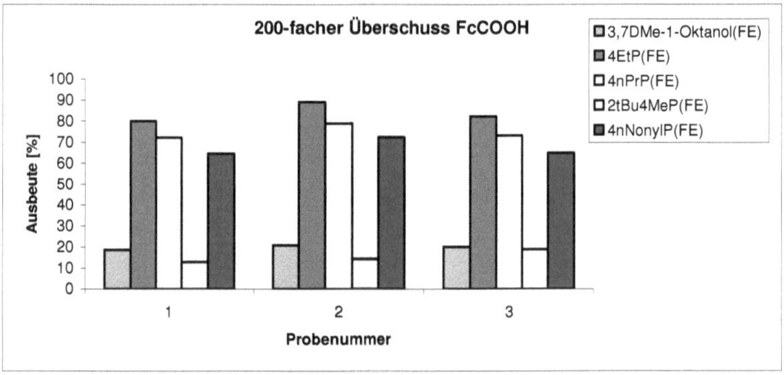

Abbildung 7.6 Veresterung mit einem 200-fachen Überschuss an FcCOOH.

Die in der Abbildung 7.6 gezeigten Ausbeuten sind jedoch nicht quantitativ. Vor allem 3,7DMe-1-Oktanol und 2*t*Bu4MeP reagieren mit weniger als 20% Ausbeute. Es ist vorteilhaft, dass Alkohole viel schlechter als Phenole reagieren, denn so können Störungen in Realproben reduziert werden. Es ist aber notwendig, dass alle Phenole gleichermaßen reagieren. Am Beispiel von 2*t*Bu4MeP wird jedoch der Einfluss der sterischen Hinderung durch die Tertiärbutylgruppe deutlich. Erdöldestillate, besonders Diesel und Heizöle enthalten eine große Anzahl an hochsubstituierten Phenolen, die aufgrund ihrer großen Substituenten ähnliche Reaktivität wie das 2*t*Bu4MeP aufweisen. Bei einer Ausbeute von 20% würde der Gesamtphenolgehalt nicht mehr genau zu bestimmen sein.

Aus der Abbildung 7.6 folgt außerdem, dass die Reaktivität mit dem Alkylierungsgrad leicht abnimmt. So reagiert 4EtP besser als 4*n*PrP, welches wiederum besser als 4*n*NonylP reagiert. Weitere Vergrößerung des Überschusses führte nicht wie erwartet zu höheren Ausbeuten. Im Gegenteil, wie die Abbildung 7.7 zeigt, fallen die erhaltenen Ausbeuten kleiner aus. Außerdem wurden in einem der Ansätze große Mengen an Nebenprodukten beobachtet. Einer der unerwünschten Peaks mit einem starken Tailing (vgl. Abbildung 7.3 bei 9.1 min) überlappte mit den Peaks von 3,7DMe-1-Oktanol(FE) und 4EtP(FE), sodass eine Quantifizierung unmöglich war. Ein größerer Überschuss ist somit für gewählte Reaktionsbedingungen nicht geeignet. Daher wurden die besten Ergebnisse mit einem 200-fachen Überschuss an FcCOOH und einem Verhältnis FcCOOH:EDC:4-DMAP 1:1:1 erhalten.

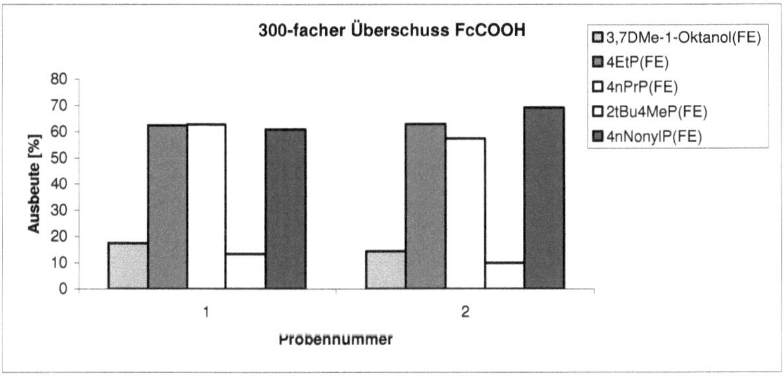

Abbildung 7.7 Veresterung mit einem 300-fachen Überschuss an FcCOOH.

Alle weiteren Veresterungen werden im Rahmen dieser Arbeit unter folgenden optimierten Bedingungen durchgeführt:
400 ml DCM im 10 ml-Reaktionsvial
3x2 min in der Mikrowelle
FcCOOH:EDC:4-DMAP 1:1:1
Analyt:FcCOOH 1:200
Anschließende Abtrennung der überschüssigen Reagenzien erfolgt an einer Al_2O_3-Minisäule mit 5 ml DCM.

7.1.3 Vergleich der Reaktivität unterschiedlich substituierter Phenole

Wie im Kapitel 7.1.2 beschrieben, hat das Substitutionsmuster einen Einfluss auf die Reaktivität der Phenole. Deswegen werden nun mehrere Lösungen hergestellt:
Lösung 1: 2EtP, 2*i*PrP, 2*sec*BuP, 2ClP
Lösung 2: 3MeP, 3*i*PrP, 3*n*PrP, 3ClP
Lösung 3: 4MeP, 4EtP, 4*i*PrP, 4*n*PrP, 4ClP
Lösung 4: 2,6DMeP, 3,5DMeP, 2,6D*i*PrP, 2,6DClP, 3,5DClP 2,6D*t*Bu4Me
Lösung 5: 3ClP, 2,4,6TClP, 2,6D*t*Bu4MeP
Für jede der Standardmischungen werden jeweils drei Veresterungen durchgeführt. Die erhaltenen Ergebnisse sind in den folgenden Diagrammen zusammengefasst.

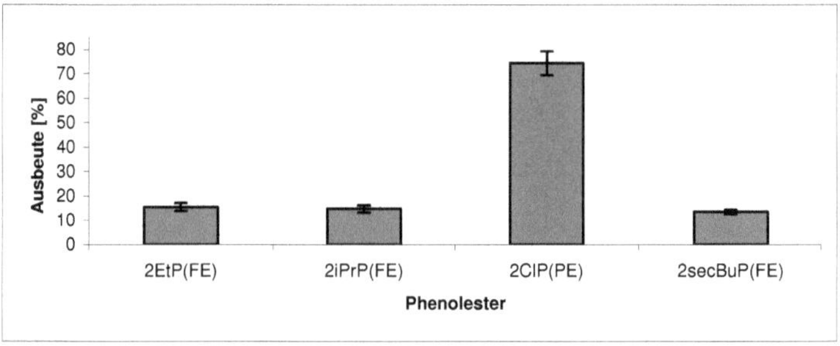

Abbildung 7.8 Reaktivität der *ortho*-substitierten Phenole.

Die in der Abbildung 7.8 gezeigten Ausbeuten der *ortho*-substituierten Phenole wurden mit guter Reproduzierbarkeit ermittelt. Alle drei untersuchten Alkylphenole zeigen eine geringe Reaktivität. Der Alkylierungsgrad hat hier offensichtlich nur einen geringen Einfluss, denn 2EtP (15.5%) zeigt nur geringfügig größere Ausbeuten als 2*i*PrP (14.8%) und 2*sec*BuP (13.5%), die eine größere sterische Hinderung aufweisen. Das 2ClP ist mit 74% Ausbeute das reaktivste Phenol. Der Einfluss des Chlors als Substituenten ist für die Reaktivität der chlorsubstituierten Phenole entscheidend und wird im Kapitel 7.1.4 ausführlich diskutiert.

In der Abbildung 7.9 sind die Ausbeuten der *meta*-substituierten Phenole zu sehen. Im Vergleich zu den *ortho*-substituierten Phenolen ist ihre Reaktivität deutlich höher. Hier ist auch ein geringer Einfluss der unterschiedlichen Größe der Substituenten zu erkennen: 3MeP (71.5%) ist etwas reaktiver als 3*i*PrP (67.2%) und 3*n*PrP (66.5%). Für das Chlorphenol wurde eine Ausbeute von 80.4% erhalten. Der Unterschied in Ausbeuten zwischen 3ClP und den entsprechenden Alkylphenolen ist aber deutlich kleiner (etwa 10%) als bei den *orhto*-substituierten Phenolen (etwa 60%, vgl. Abbildung 7.8).

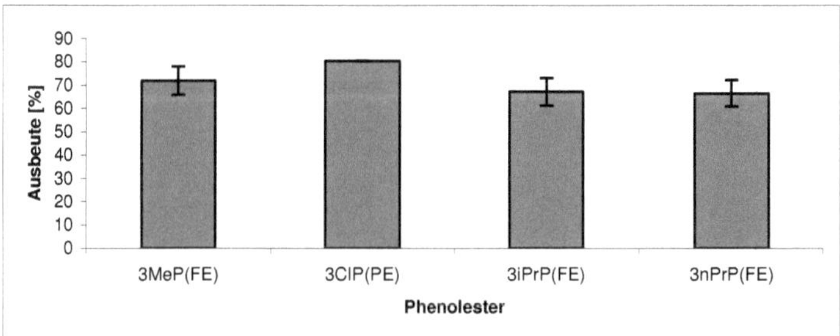

Abbildung 7.9 Reaktivität der *meta*-substituierten Phenole.

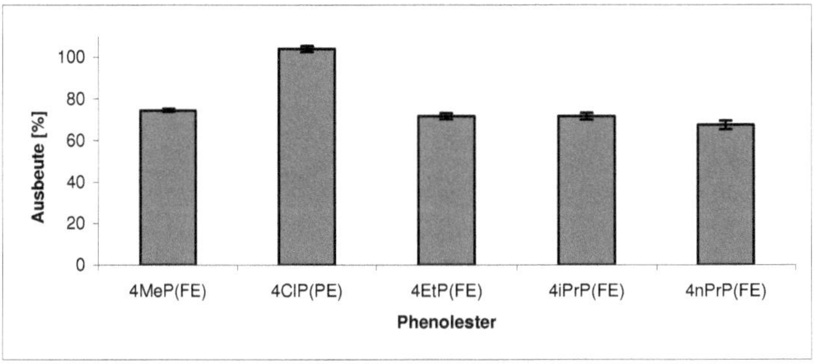

Abbildung 7.10 Reaktivität der *para*-substituierten Phenole.

Als nächstes wurde die Veresterung mit den *para*-substituierten Phenolen durchgeführt (Abbildung 7.10). Die erhaltenen Ergebnisse weisen eine geringe Standardabweichung auf. Die *para*-substituierten Alkylphenole liefern ähnliche Ausbeuten wie die *meta*-substituierten. Das 4MeP (74.5%) ist gegenüber anderen Alkylphenolen (67.4%–71.7%) etwas reaktiver, obwohl der Unterschied, ähnlich wie in der Abbildung 7.9, minimal ist. Das 4ClP ist, wie auch 2ClP und 3ClP, reaktiver als die *para*-substituierten Alkylphenole. Mit 103% Ausbeute ist es das reaktivste von allen untersuchten Phenolen. Der Mehrbefund von 3% ist auf Analysefehler, wie Pipetten-, Injektions- und Messfehler zurückzuführen und liegt im Bereich der im Kapitel 6.4.5 ermittelten Fehler.

Die hergestellte Lösung 4 enthält mehrere disubstituierte Phenole. Das eisenselektive GC-AED-Chromatogramm der erhaltenen Phenolester ist in der Abbildung 7.11 dargestellt.

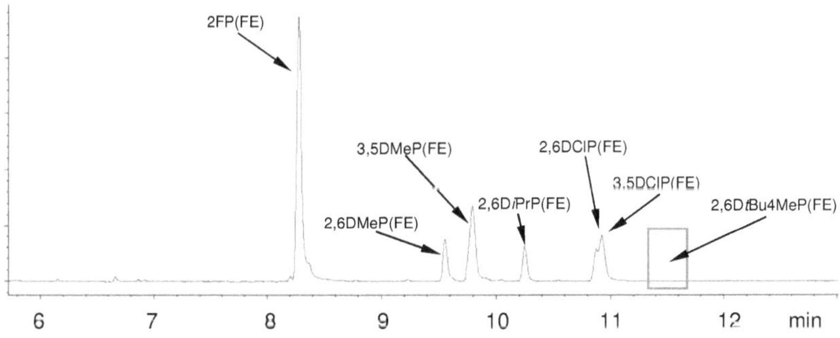

Abbildung 7.11 Eisenselektives GC-AED Chromatogramm einer Phenolestermischung unterschiedlicher disubstituierter Phenole.

Die Veresterung der disubstituierten Phenole sollte zeigen, ob sich deren Reaktivitäten aus den bereits bekannten Reaktivitäten der monosubstituierten Phenole ableiten lassen (Kapitel 7.1.3). Es ist auch interessant zu untersuchen ob mehrere Chlorsubstituenten einen Einfluss auf die Ausbeuten der Reaktion zeigen. 2,6DClP(FE) und 3,5DClP(FE) lassen sich jedoch gaschromatographisch nicht trennen. Die Herstellung neuer Stammlösungen war ebenfalls nicht möglich, sodass diese Phenole nicht untersucht werden konnten. Außerdem konnte für das sterisch stark gehinderte 2,6D*t*Bu4MeP in beiden Fällen (Lösungen 4 und 5) kein Phenolester nachgewiesen werden, was darauf hinweist, dass die Veresterung mit FcCOOH:EDC:4-DMAP für diese Phenolgruppe ungeeignet ist. Die ausgerechneten Ausbeuten sind in der Abbildung 7.12 zu sehen.

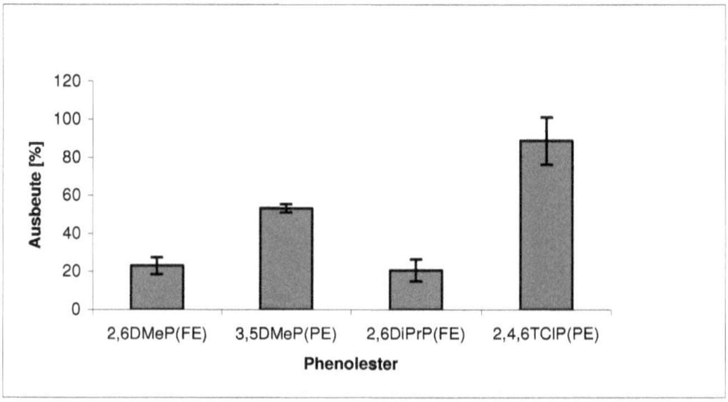

Abbildung 7.12 Reaktivität der disubstituierten Phenole.

Die Reaktivität der disubstituierten Phenole kann aus den bekannten Reaktivitäten von *ortho*-, *meta*-, *para*-substituierten Phenole abgeleitet werden. So reagiert das di*meta*-substituierte 3,5DMeP besser als beide di*ortho*-substituierten 2,6DMeP und 2,6D*i*PrP. Der Vergleich der Ausbeuten von 3,5DMeP (53.1%) und 3MeP (71.5%) zeigt, dass der höhere Alkylierungsgrad die Reaktivität vermindert. Unerwartet ist, dass für 2,6DMeP und 2,6D*i*PrP nur ein kleiner Unterschied in Ausbeuten beobachtet wird, obwohl die sterische Abschirmung beim 2,6D*i*PrP deutlich größer ist. 2,4,6TClP hat mit 88.8% Ausbeute geringere Reaktivität als chlorubstituierte Phenole. Der stärkere elektronenziehende Effekt beim 2,4,6TClP im Vergleich zu monosubstituierten Chlorphenolen zeigt in diesem Fall keine Wirkung. Möglicherweise wird die Reaktivität des 2,4,6TClP durch sterische Abschirmung abgesenkt.

7.1.4 Diskussion der Ergebnisse

Aus den im Kapitel 7.1.3 ermittelten Ausbeuten können Aussagen über die Reaktivität der Phenole gemacht werden. Durch mehrere Experimente konnte gezeigt werden, dass *ortho*-substituierte Phenole deutlich schlechter reagieren als *meta*- und *para*-substituierte. Auch der Vergleich der disubstituierten Phenole bestätigt diese Aussage (2,6DMeP reagiert deutlich schlechter als 3,5DMeP). Einer der Gründe dafür ist die sterische Hinderung, die bei *ortho*-substituierten Phenolen am größten ist. Die Stärke der sterischen Abschirmung hat einen erkennbaren Einfluss auf die Ausbeute. So reagiert das 2EtP (25.9%) besser als 2*i*PrP (23.1%) und 2*t*Bu4MeP (18.9%).

Ein anderer Grund könnte die Elektronenverteilung im Phenolring sein. In der Abbildung 7.13 sind drei Grenzstrukturen gezeigt, die nach der Deprotonierung eines Phenols entstehen können. Die Elektronendichte ist in der *para*- und *ortho*-Positionen konzentriert. Sollte die Elektronendichte für die Reaktivität verantwortlich sein, müssten demnach *ortho*- und *para*-substituierte Phenole etwa die gleiche Reaktivität aufweisen. Dies steht im Widerspruch zu den erhaltenen Ergebnissen und kann somit nicht richtig sein.

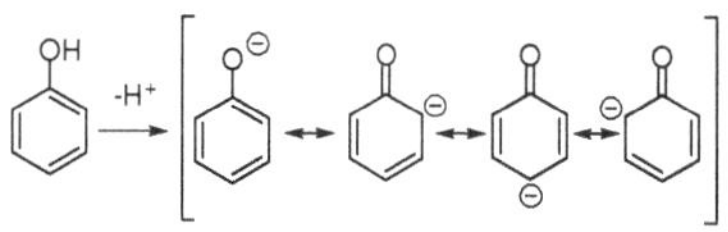

Abbildung 7.13 Grenzstrukturen des Phenolat-Anios.

Außerdem konnte gezeigt werden, dass Chlorphenole eine deutlich höhere Reaktivität als entsprechende Alkylphenole aufweisen. Das Chlorphenol kann aufgrund des elektronenziehenden Effektes des Chlorsubstituenten leichter deprotoniert werden, was seine hohe Säurestärke erklärt. In der Tabelle 7.2 sind die pK_a-Werte der Phenole dargestellt. Der pK_a-Wert der Chlorphenole ist im Vergleich zu Alkylphenolen um eine Einheit kleiner, was auf eine zehnfache Säurestärke hindeutet. *Ortho*-Chlorphenol hat zudem eine viel größere Säurestärke als das *para*-Chlorphenol. Trotzdem liefert das *para*-Chlorphenol etwa 30% bessere Ausbeuten (vergleich Abbildung 7.8 und Abbildung 7.10). Offensichtlich überwiegt hier der sterische Effekt, der auch für die geringe Reaktivität der *ortho*-substituierten Alkylphenole verantwortlich ist.

Nitrophenole haben im Vergleich zu Alkylphenolen etwa eine tausendfache Acidität. Eine Nitrogruppe hat einen elektronenziehenden (-I-Effekt) sowie einen mesomeren Effekt (-M-Effekt), was die Säurestärke dieser Verbindungen erklärt. Bei mehreren elektronenziehenden Gruppen, wie zum Beispiel bei 2,4,6TClP, überwiegt offensichtlich der sterische Effekt, was seine geringere Ausbeute im Vergleich zu monosubstituierten Chlorphenolen erklärt.

Tabelle 7.2 pK_a-Werte einiger Phenole im Vergleich.[35]

	pK_a
Phenol	10
ortho-Methylphenol	10.3
para-Methylphenol	10.2
ortho-Chlorphenol	8.5
para-Chlorphenol	9.4
ortho -Nitrophenol	7.2
para -Nitrophenol	7.2

7.2 Derivatisierung der Phenole mit 4-Dimethylaminopyridin und Ferrocencarbonsäurefluorid

Die Veresterung mit FCF ist eine weitere Alternative zum FCC. Zunächst wird Veresterung mit dem synthetisierten FCF durchgeführt. Es könnte auch möglich sein das FCF *in situ* zu synthetisieren und somit den Syntheseschritt zu umgehen. Deswegen ist die Reaktion für die Phenolanalyse sehr interessant.

7.2.1 Allgemeine Angaben zur Reaktion

Das Ferrocencarbonsäurefluorid (FCF) wird zunächst aus FcCOOH und Cyanursäurefluorid synthetisiert.[30] Die Reaktionsgleichung ist in der Abbildung 7.14 dargestellt.

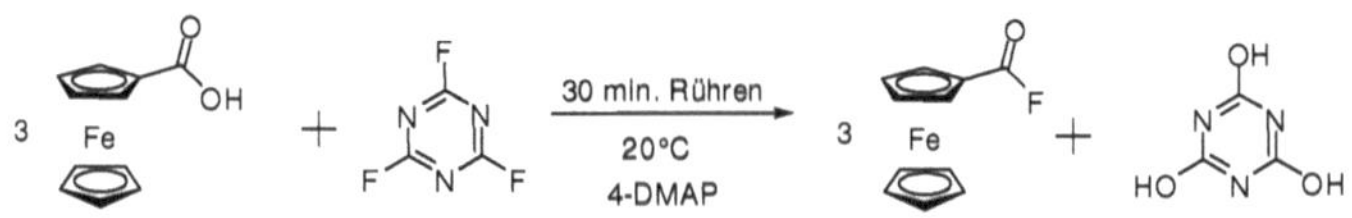

Abbildung 7.14 Synthese des Ferrocencarbonsäurefluorides.

Das FCF kann unter Laborbedingungen einfach hergestellt werden. Nach Ausschütteln mit Wasser und anschließender Umkristallisation wird das reine Produkt als kristalliner oranger Feststoff erhalten. Die Veresterungen von Phenolen mit FCF dauern nach Literaturangaben zwischen 15 Minuten und 12 Stunden. Da die Reaktion nicht für die analytischen Mengen (etwa 100–1000 nmol Phenole) verwendet wurde, ist eine Optimierung notwendig.

Es musste außerdem überprüft werden, ob das FCF *in situ* hergestellt werden kann, um den oben erwähnten Syntheseschritt zu umgehen. Die Schwierigkeit in diesem Fall könnte das Nebenprodukt (die Cyanursäure) darstellen. Cyanursäure hat drei Hydroxygruppen, die zu unerwünschten Ferrocenestern führen können. Deswegen muss vor der Zugabe der Phenole die gebildete Cyanursäure entfernt werden (möglich wäre das Ausschütteln in die wässrige Phase). Einige der vorgenommenen Optimierungen werden im folgenden Kapitel vorgestellt.

7.2.2 Optimierung der Derivatisierung

Zunächst werden für die Reaktion dieselben Bedingungen wie für die Veresterung mit FcCOOH und EDC gewählt (Kapitel 7.1). Der 200-fache Überschuss an FCF mit einem Verhältnis FCF:4-DMAP von 1:1 werden in 400 μl DCM gelöst. Zu der Lösung werden 1600 nmol Phenole zugegeben. Die Reaktionsmischung wird für 3x2 min in der Mikrowelle erhitzt, die Phenolester werden an einer Al_2O_3-Minisäule mit 5 ml DCM abgetrennt. Es werden jedoch Ausbeuten unter 5% beobachtet, sodass die Reaktion in der Mikrowelle für die Veresterung unter gewählten Bedingungen ungeeignet ist.

Als nächstes wird ein 500-facher Überschuss an FCF und 4-DMAP verwendet und die Lösung für 1 Stunde gerührt. Die Ausbeuten sind mit 18–20% besser als vorher, bleiben aber weit unter den Ergebnissen, die bereits mit FcCOOH/EDC erhalten werden konnten (vgl. Abbildung 7.9). Zuletzt wurde ein 1000-facher Überschuss an FCF/4-DMAP verwendet und die Lösungen für 12 Stunden bei 40 °C gerührt. In diesem Fall wurden quantitative Ausbeuten erhalten (Abbildung 7.9) *Ortho*- und *para*-substituierte Phenole konnten im Rahmen dieser Arbeit nicht untersucht werden, deswegen ist ein direkter Vergleich der Ausbeuten nicht möglich. Im Vergleich zu der entsprechenden Veresterung mit FcCOOH/EDC (Abbildung 7.9) können etwa 25% größere Ausbeuten erhalten werden.

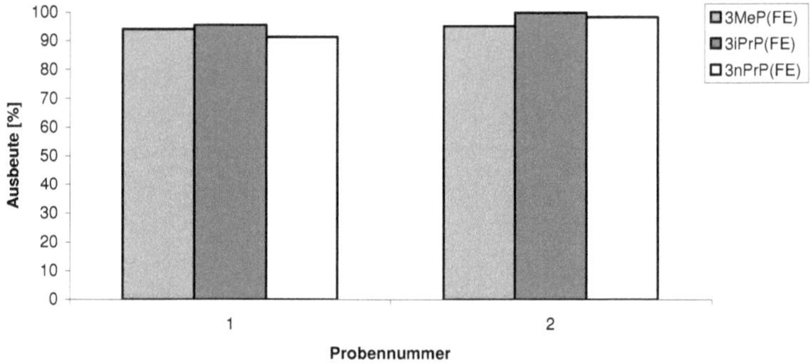

Abbildung 7.15 Ausbeuten nach Veresterung mit einem 1000-fachen Überschuss an FCF/4-DMAP.

8 Zusammenfassung und Ausblick

8.1 Zusammenfassung

Im Rahmen dieser Arbeit wurden zunächst die grundlegenden Geräteleistungsmerkmale wie linearer Bereich, Nachweisgrenze und Bestimmungsgrenze des GC-AED ermittelt. Für die Vergrößerung des linearen Bereiches wurden mehrere Versuche unternommen. So wurden u.a. drei neue Detektionswellenlängen für Eisen untersucht und die Einstellungen der Reaktionsgase sowie des He-Make-Up-Gases optimiert, um die beste Annäherung an den linearen Bereich zu erreichen. Außerdem konnte gezeigt werden, dass die Quantifizierung der Analyten mit Hilfe eines internen Standards auch außerhalb des linearen Bereiches möglich ist. Es wurden Quantifizierungen mit einer Genauigkeit besser als 5% durchgeführt, sofern die Konzentration des Analyten nicht das Zweifache der Konzentration des internen Standards überschreitet. Für Realproben wäre der Einsatz von zwei internen Standards unterschiedlicher Konzentrationen vorteilhaft, da hierdurch größerer Konzentrationsbereich abgedeckt werden könnte.

Im weiteren Verlauf wurde eine neuartige Methode zur Derivatisierung von Phenolen mit FcCOOH/EDC unter Variation der Stöchiometrie, Reagenzienüberschüsse sowie der Heizdauer optimiert. Die optimierten Reaktionsbedingungen wurden für Derivatisierung von unterschiedlich substituierten Phenolen angewendet. So konnten mehrere Aussagen über die Reaktivität der Phenole getroffen werden. Es wurde festgestellt, dass *ortho*-substituierte Phenole eine schlechtere Reaktivität als *meta*- und *para*-substituierte aufweisen. Ein geringer Einfluss der Substituentengröße auf die Ausbeuten konnte ebenfalls beobachtet werden. Den größten Einfluss auf die Reaktivität übt jedoch die Acidität der Phenole aus, die durch elektronenziehende Substituenten, wie Chlor erhöht wird. Aus diesem Grunde reagieren die Chlorphenole mit FcCOOH/EDC erheblich besser als die entsprechenden Alkylphenole.

Weiterhin wurde eine neue Derivatisierungsmethode der Phenole im analytischen Maßstab mit FCF erarbeitet. Diese Reaktion verläuft im präparativen Mengenbereich nahezu quantitativ, für analytische Zwecke fand sie jedoch bisher keine Verwendung. Daher wurde die Reaktion für analytische Mengen (0.1—1 μmol) optimiert. Die Reaktionsbedingungen konnten im Rahmen dieser Arbeit für eine Phenolstandardmischung soweit verbessert werden, dass die Reaktion in nahezu quantitativen Ausbeuten ohne Nebenprodukte durchgeführt werden kann. Die Veresterung mit FCF zeigt im Vergleich zur Derivatisierung mit FcCOOH/EDC nicht nur höhere Ausbeuten, sondern ist auch in der Analysedurchführung leichter zu handhaben und verläuft unter Einsatz nur eines Reagenzes.

8.2 Ausblick

Die am Messgerät vorgenommenen Optimierungen waren auf die durchgeführten Messungen abgestimmt. Vor allem die Quantifizierung der Analyten mithilfe eines internen Standards ist für die Genauigkeit entscheidend. Für die Analyse von Realproben ist außerdem die Untersuchung des Responseverhaltens des AED für unterschiedlich substituierte Phenole erforderlich. Die am Beispiel eines Phenolesters durchgeführte Quantifizierung zeigte, dass mit dem AED eine gute Genauigkeit erzielt werden kann. Eine konkrete Aussage über das Responseverhalten erfordert jedoch die Analyse weiterer Phenolester.

Trotz der Tatsache, dass bei der Phenolveresterung mit FcCOOH/EDC keine quantitative Reaktionsführung im Rahmen dieser Arbeit erreicht werden konnte, ist die weitere Entwicklung dieser Methode viel versprechend. Es bieten sich weitere Möglichkeiten, Reaktionsparameter wie Reaktionszeit, eingesetzte Base, Temperatur etc. zu variieren. Vor allem längere Rührzeiten anstatt des Mikrowellenaufschlusses scheinen Erfolg versprechend, da dabei das Auftreten von Nebenprodukten minimiert wird und deshalb noch größere Überschüsse an Reagenzien verwendet werden können. Dieser Ansatz sollte weiter verfolgt werden.

Die ersten erreichten Erfolge bei der Phenolveresterung mit FCF müssen zunächst durch weitere Untersuchungen in ihrer Reproduzierbarkeit gestützt werden. Eine ausführliche Ausbeutestudie wie sie im Falle der Veresterung mit FcCOOH/EDC durchgeführt wurde, steht noch aus. Bemerkenswert ist das Ausbleiben der Nebenreaktionen bei dieser Methode. Desweiteren bietet sie Spielraum für weitere Optimierungen beispielsweise durch den Einsatz einer anderen Base, größerer Überschüsse an FCF oder den Zusatz an Fluorid-abfangenden Reagenzien. Der große Nachteil dieser Methode besteht darin, dass FCF nicht kommerziell zugänglich ist. Eine weitere wichtige Fragestellung wäre deshalb, ob die Erzeugung dieses Reagenzes *in situ* mit anschließender Veresterung möglich ist.

Beide Veresterungsmethoden sind für die Untersuchung von Realproben interessant. Da die Analytik von Phenolen nach wie vor schwierig bleibt, ist die Erforschung alternativer Analysemethoden von Bedeutung. Die Veresterung mit FcCOOH/EDC eignet sich beispielsweise für die Bestimmung von Chlor- und Nitrophenolen. Besonders wichtig ist die Entwicklung einer Derivatisierungsmethode im wässrigen Medium, da diese eine genauere Analyse vieler Naturprodukte und Umweltproben erleichtern würde.

9 Anhang

9.1 Allgemeine Synthesevorschriften

9.1.1 Synthese von Ferrocencarbonsäurefluorid

Ferrocencarbonsäure 115 mg (0.5 mmol) wird in 20 ml Dichlormethan gelöst und mit 5 mg 4-DMAP versetzt. Zu der Lösung wird tropfenweise Cyanursäurefluorid zugegeben (80µl, 1 mmol). Die Reaktionsmischung wird bei 0 °C zwe i Stunden lang gerührt. Anschließend wird die orange Lösung mit 20 ml Eiswasser versetzt und geschüttelt. Die wässrige Phase wird abgetrennt und verworfen. Das Lösungsmittel wird im Vakuum entfernt Es wird ein oranger Feststoff mit 70% Ausbeute erhalten. Die Verbindung ist wärmelabil und wird daher im Kühlschrank aufbewahrt.

9.1.2 Synthese von Phenolestern

100 µmol Phenol werden eingewogen und in etwa 1 ml Dichlormethan gelöst. Dazu werden 49.4 mg FCC (200 µmol) und 48.8 mg 4-DMAP (400 µmol), je in 0.5 ml Dichlormethan zugegeben. Nach 20 min wird die Lösung auf eine Al_2O_3-Minisäule (1.7 g Al_2O_3) gegeben und die Ferrocenester (orange Fraktion) werden mit 5 ml Dichlormethan eluiert. Nach dem Einengen im Vakuum bis zur Trockne werden Reinheit und Ausbeute bestimmt.

9.2 Geräte

GC-AED:

Gaschromatograph:	Agilent 6890N
Atomemissionsdetektor:	Agilent G2350A
Autosampler:	Gerstel MPS2
Injektor:	Gerstel KAS, splitless
Injektortemperatur:	300 °C
Kapillarsäule:	Supelco SLB 5ms, 30 m x 0.25 mm x 0.25 µm
	(oder vergleichbare Säulen anderer Hersteller)
Trägergas:	Helium 6.0 (BIP)
Transferlinetemperatur:	300 °C

Cavitytemperatur:	300 °C
Helium-Make-Up-Gas:	315 ml/min
Wasserstoff Reagenzgas:	15 psi
Sauerstoff Reagenzgas:	18 psi
Solvent Vent:	5–6 min
Temperaturprogramm:	WW3: 80 °C – 1.5 min – 45 °C/min – 250 °C - 1 min – 4 °C/min - 270 °C - 0 min - 10 °C/min - 300 °C - 5 min
Injektionsvolumen:	1 µl

GC-MS:

Gaschromatograph:	Finnigan MAT GCQ
Massenspektrometer:	Finnigan MAT GCQ MS
Autosampler:	CTC A200S Liquid Sampler
Injektor:	split / splitless (splitless), 270 °C
Kapillarsäule:	Supelco SLB5ms, 30 m x 0.25 mm x 0.25 µm (oder vergleichbare Säulen anderer Hersteller)
Trägergas:	Helium 6.0 (BIP)
Transferline:	275 °C
Ionisierungsbedingungen:	EI, 70 eV, Ion source 200 °C
Temperaturprogramme:	WW3: 80 °C – 1.5 min – 45 °C/min – 250 °C - 1 min – 4 °C/min - 270 °C - 0 min - 10 °C/min - 300 °C - 5 min
Injektionsvolumen:	1 oder 2 µl

9.3 Chemikalien

Phenol	Reinheit	Hersteller
4-Methylphenol	99%	Aldrich
2-Methylphenol	99%	Fluka
3-Methylphenol	97%	Aldrich
2-Fluorphenol	98%	Aldrich
4-Fluor-2-methylphenol	99%	Aldrich
2,6-Dimethylphenol	98%	Fluka
3,5-Dimethylphenol	99%	Aldrich
2-Ethylphenol	99%	Aldrich
3-Ethylphenol	99%	Aldrich
4-Ethylphenol	97%	Fluka
3,4,5-Trimethylphenol	97%	Aldrich
2-Isopropylphenol	98%	Aldrich
2-*n*-Propylphenol	97%	Lancaster
3-Isopropylphenol	99%	Aldrich
3-*n*-Propylphenol	98%	Avocado
4-Isopropylphenol	98%	Aldrich
4-*n*-Propylphenol	98%	Lancaster
2-*tert*-Butyl-4-methylphenol	99%	Aldrich
4-*n*-Pentylphenol	99%	Fluka
3,7-Dimethyl-1-Oktanol	99%	Aldrich

Chemikalien	Reinheit	Hersteller
Ferrocencarbonsäure	98%	ABCR
Dimethylaminopyridin (DMAP)	99%	Aldrich
1-Ethyl-3-(3-dimethylaminopropano)carbodiimid Hydrochlorid (EDC)	98%	Fluka
Aluminiumoxid, 50 – 200 μm	unbekannt	Acros

Lösungsmittel	Reinheit	Hersteller
Dichlormethan	"für die Rückstandanalyse"	Acros
Cyclohexan	"Zur Analyse"	Acros
Toluen	"Pestanal"	Riedel-de Haen
Pentan	p.a., 99%	Fluka

9.4 Abkürzungsverzeichnis

AED	Atomemissionsdetektor
4-DMAP	4-(*N,N*-Dimethylamino)pyridin
DCM	Dichlormethan
EDC	1-Ethyl-3-(3-dimethylaminopropano)carbodiimid Hydrochlorid
FAME	Fettsäuremethylester
FCC	Ferrocencarbonsäurechlorid
FcCOOH	Ferrocencarbonsäure
FCF	Ferrocencarbonsäurefluorid
HPLC	engl.: High Performance Liquid Chromatography
IS	Interner Standard
LC	engl. Liquid Chromatography
MS	Massenspektroskopie
PDA	Photo Diode Array
RSD	engl.: Relative Standard Deviation, relative Standardabweichung
UV	ultraviolettes Licht

C_n-Phenol	Phenol mit n C-Atomen in Seitenkette (z.B. C_1-Methylphenole)
(FE)	Ferrocenester
2FP	2-Fluorphenol
2Me4FP	2-Methyl-4-Fluorphenol
2MeP	2-Methylphenol
3MeP	3-Methylphenol
4MeP	4-Methylphenol
2EtP	2-Ethylphenol
3EtP	3-Ethylphenol

4EtP	4-Ethylphenol
2*n*PrP	2-*n*-Propylphenol
3*n*PrP	3-*n*-Propylphenol
4*n*PrP	4-*n*-Propylphenol
2*i*PrP	2-Isopropylphenol
3*i*PrP	3-Isopropylphenol
4*i*PrP	4-Isopropylphenol
2*sec*BuP	2-*sec*-Butylphenol
4*n*PeP	4-*n*-Pentylphenol
4*n*NonylP	4-*n*-Nonylphenol
2,6DMeP	2,6-Dimethylphenol
3,5DMeP	3,5-Dimethylphenol
2*t*Bu4MeP	2-*tert*-Butyl-4-methylphenol
2,6D*i*PrP	2,6-Diisopropylphenol
3,4,5TMeP	3,4,5-Trimethylphenol
2,6D*t*Bu4MeP	2,6-Di-*tert*-Butyl-4-methylphenol
2ClP	2-Chlorphenol
3ClP	3-Chlorphenol
4ClP	4-Chlorphenol
2,6DClP	2,6-Dichlorphenol
3,5DClP	3,5-Dichlorphenol
2,4,6TClP	2,4,6-Trichlorphenol

10 Literaturverzeichniss

[1] M. Ipollo-Armanjos, R. Alexander, R. J. Kagi, „Geosynthesis of organic compounds: Alkylphenols“, *Geochimica et Cosmochimica Acta*, **1995**, *59*, 3017–3027.

[2] S. O. Lucach, B. Bowler, N. Frewin, S. R. Larter, „Variation in alkylphenol distributions in a homogenous oil suite from the Dhahaban petroleum system of Oman“, *Organic Geochemistry*, **2002**, *33*, 581–594.

[3] A. Bennick, „Interaction of plant polyphenols with salivary proteins“, *Crit Rev Oral Biol Med*, **2002**, *13*, 184–196.

[4] E. Jöbstl, J. O'Connell, J. Patrick A. Fairclough, M. P. Williamson, „Molecular model for astringency produced by polyphenol/protein interactions“, *Biomacromolecules*, **2004**, *5*, 942–949.

[5] I. Mila, A. Scalbert, D. Expert, „Iron withholding by plant polyphenols and resistance to pathogens and rots“, *Phytochemistry*, **1996**, *42*, 1551–1555.

[6] Zentraler Fachdienst Wasser-Boden-Abfall-Altlasten bei der Landesanstalt für Umweltschutz Baden-Württemberg, „Stoffbericht Pentachlorphenol (PCP)“, *Texte und Berichte zur Altlastenbearbeitung*, 1 Auflage, Landesanstalt für Umweltschutz Baden-Württemberg, Karlsruhe **1996**.

[7] Thüringer Ministerium für Landwirtschaft, Naturschutz und Umwelt, *Informationsbrief EU-Wasserrahmenrichtlinie*, **2000**/60/EG.

[8] Institute for Health and Consumer Protection, „4-Nonylphenol (branched) and nonylphenol“, *European Union Risk Assessment Report*, 2nd Priority List, Volume: 10, **2002**.

[9] Umweltbundesamt, „Fact Sheet Alkylphenole und Bisphenol A und Bisphenol F“.

[10] T. Hillenbrand, F. Marscheider-Weidemann, M. Strauch, K. Heitmann, „Datenblatt Nonylphenol“, *Prioritäre Stoffe der Wasserrahmenrichtlinie*, **2006**.

[11] CHEMCON, Technisches Büro für Technische Chemie GmbH, „Prüfbericht 909/09 über die Untersuchung von diversen Beruhigungssaugern“, **2009**.

[12] F. Wasinski, „Ferrocencarbonsäurechlorid als hochselektives Derivatisierungsmittel für Hydroxyverbindungen zur Analyse mittels Gaschromatographie mit Atomemissions- und massenselektivem Detektor (GC-AED und -MSD)“, Doktorarbeit, Universität Münster, **2008**.

[13] L. Harwell, S. Thakkar, S. Polcar, R. E. Palmer, P. H. Desai, „Study outlines optimum ULSD hydrotreater design“, Oil and Gas Journal, **2003**.

[14] Amtsblatt der Europäischen Union, „RICHTLINIE 2003/30/EG des Europäischen Parlaments und des Rates vom 8. Mai 2003 zur Förderung der Verwendung von Biokraftstoffen oder anderen erneuerbaren Kraftstoffen im Verkehrssektor", **2003**.

[15] A. Osmont, L. Catoire, I. Gkalp, M. T. Swihart, „Thermochemistry of C–C and C–H Bond Breaking in Fatty Acid Methyl Esters", *Energy Fuels*, **2007**, *21*, 2027–2032.

[16] L. A. Reitzel, A. Ledin, „D etermination of phenols in landfill leachate-contaminated groundwaters by solid-phase extraction", *Journal of Chromatography A*, **2002**, *972*,175–182.

[17] N. N. Rao, J. R. Singh, R. Misra, T. Nandy, „Liquid-liquid extraction of phenol from simulated sebacic acid wastewater", *Journal of Scientific & Industrial Research*, **2009**, *68*, 823–828.

[18] C. Shibata, M. Palma, „Recovery of Priority Pollutants from Aqueous Solutions through Liquid-liquid Extraction with Simultaneous Treatment of Acid Gases", Department of Biochemical and Pharmaceutical Technology, San Paolo, Brazil (http://www.aidic.it/pres09/webpapers/111Shibata.pdf), Stand: 25.12.09.

[19] Q. Shi, C. Xu, S. Zhao, K. H. Chung, „Characterization of Heteroatoms in Residue Fluid Catalytic Cracking (RFCC) Diesel by Gas Chromatography and Mass Spectrometry", *Energy Fuels*, **2009**, *23*, 6062–6069.

[20] K. D. Buchholz, J. Pawliszyn, „Optimization of Solid-Phase Microextraction Conditions for Determination of Phenols", Anal. Chem., **1994**, *66*,160–167.

[21] C. L. Arthur, J. Pawliszyn, „Solid Phase Microextraction with Thermal Desorption Using Fused Silica Optical Fibers", *Anal. Chem.*, **1990**, *62*, 2145–2148.

[22] M. Kojima, N. Matsui, S. Tsunoi , M. Tanaka, „Ion-pair solid-phase extractive derivatization of 4-alkylphenols with pentafluoropyridine for gas chromatography–mass spectrometry", *Journal of Chromatography A*, **2005**, *1078*, 1–6.

[23] I. Rodriguez, M. C. Mejuto, M. H. Bollafn, R. Cela, „Evaluation of two solid-phase extraction procedures for the preconcentration of chlorophenols in drinking water", *Journal of Chromatography A*, **1997**, *786*, 285–292.

[24] G. Diehl, F. Wasinski, B. Roberz, H. Luftmann, T. Schmidt, J. T. Andersson, U. Karst, „Liquid Chromatography/Electrochemistry/Mass Spectrometry as Screening Technique for Alcohols and Phenols in Fuels", *Microchim. Acta*, **2004**, *146*, 137–147

[25] J. Rolfes, J. T. Andersson, „Determination of Alkylphenols after Derivatizationn to Ferrocenecarboxylic Acid Esters with Gas Chromatography-Atomic Emission Detection", *Anal. Chem.*, **2001**, *73*, 3073–3082.

[26] N. Kolbe, J. T. Andersson, „Simple and Sensitive Determination of *o*-Phenylphenol in Citrus Fruits Using Gas Chromatography with Atomic Emission or Mass Spectrometric Detection", *J. Agric. Food Chem.*, **2006**, *54*, 5736–5741.

[27] N. Kolbe, „Analyse von Phenolen in komplexen Matrices nach Derivatisierung zu Ferrocenestern", Doktorarbeit, Universität Münster, **2008**.

[28] S. Groß, S. Laabs, A. Scherrmann, A. Sudau, N. Zhang, U. Nubbemeyer, „Improved Syntheses of Cyanuric Fluoride and Carboxylic Acid Fluorides", *J. Prakt. Chem*, **2000**, *342*, 711–714.

[29] J. Suk, J. Lee, J. Kwak, „Electrochemistry on Alternate Structures of Gold Nanoparticles and Ferrocene-Tethered Polyamidoamine Dendrimers", *Bull. Korean Chem.*, **2004**, *25*, 1681–1686.

[30] T. Galow, J. Rodrigo, K. Cleary, G. Cooke, V. M. Rotello, „Fluorocarbonylferrocene. A Versatile Intermediate for Ferrocene Esters and Amides", *J. Org. Chem.* **1999**, *64*, 3745–3746.

[31] T. Kreickmann, „Untersuchungen zum Einfluss der Biodegradierung auf das Vorkommen von Alkylphenolen in Erdölen", Diplomarbeit, Universität Münster, **2001**.

[32] Gebrauchsanweisung Gilson MICROMAN 25 μl-Pipette.

[33] G. Höfle, W. Steglich, H. Vorbrüggen, „4-Dialkylaminopyridines as Highly Active Acylation Catalysts", *Angew. Chem. Int. Ed. Engl.*, **1978**, *17*, 569–583.

[34] B. Neises, W. Steglich, „Simple Method for the Esterification of Carboxylic Acids", *Angew. Chem. Int. Ed. Engl.*, **1978**, *17*, 522–524.

[35] T. Hanal , K. Koizumi , T. Kinoshita , R. Arora, F. Ahmed, „Prediction of pK a values of phenolic and nitrogen-containing compounds by computational chemical analysis oomparod to thooo moaourod by liquid ohromatography", *Journal of Chromatography A.*, **1997**, *762*, 55–61.